懒人便当

好营养，真安心，超省时

[日] 长谷川理惠 著 冯利敏 译

河北科学技术出版社

· 石家庄 ·

前言

每天早晨起床后，我要做的第一件事就是——为家人做便当。

首先我会来到厨房，打开冰箱确认前一天准备好的食材。

这一步是非常重要的。

因为有很多时候，即便是前一天准备好了食材，到了第二天早晨也会忘记，或是会误用其他食材，这样就会导致没被用掉的食材越来越不新鲜。

把前一天做晚饭剩余的菜，第二天直接拿来做便当，这样就能最大限度地保证我们所吃的食材都是最新鲜可口的。

其实，我能够持续这么多年的"便当生活"，主要原因就是这个完美的食物闭环。

从我最开始做便当，到现在已经有20年了。

最初，只有丈夫一个人带便当，现在儿子也加入了带便当的行列。

两个人每次都会吃个精光，即便是没有吃完，回家后也会跟我道歉并告诉我剩饭的理由。

看得出家人们都很体谅我，也非常珍惜我做的便当，这点我真的很开心。

通过这些事，我既能得知丈夫和儿子的身体和心情状态，也能顺便了解他们对我做的菜的感想。所以说，便当其实也是家人之间沟通交流的一种媒介。

这本书介绍了我们家原汁原味的便当。

我会把自己不断试错、不断精进的便当食谱和厨房小妙招介绍给大家。

书中每一张便当的照片都是我每天早晨拍摄的，是最真实的生活记录。

希望这本书能够带给大家一些启发和灵感，让大家可以轻松、开心地将"便当生活"持续下去。

长谷川理惠

目录 CONTENTS

INTRODUCTION

PART 1

超下饭！

重点推荐！优选便当 BEST5

PART 2

经典菜肴看这里！

一种食材做出 N 款便当

PART
3

速拼便当！
巧用晚餐余菜和常备菜

● 1 小勺 =5mL、1 大勺 =15mL、1 量
杯 =200mL。
● 本书中所提及的微波炉加热时间仅供
参考。根据微波炉生产厂家和型号不
同，所用时间可能会有所差异，请根
据实际情况，调整加热时间。
● 食物的保存期限可能会因食材的新鲜
程度、季节等的不同而变化，本书中
的期限设置仅供参考，请结合实际情
况自行判断。

快手小菜！

轻松做便当的省时秘籍

POINT
1

POINT
2

用微波炉做培根卷（P55）。

用前一天晚饭余下的炸鸡排做主菜。

把微波炉用到极致！

我们家在做便当的时候，微波炉总是不可或缺的。可能有人会觉得用微波炉做菜仿佛是在偷懒，会莫名有一种负罪感，但实际上有很多菜，就是用微波炉做才好吃。比如加热肉类，微波炉可以在很短的时间内，就把肉热透、做熟，并且也可以做得很入味、松嫩可口。再比如，想往便当里放点西蓝花等蔬菜，那么只要把菜放进微波炉，马上就能做好。还有一点我比较喜欢的就是，在用微波炉加热时，我还可以做其他的事情，省时、省力。

充分利用前一天的晚餐

如果每天早晨都要把便当里要带的菜从头到尾地做一遍，那将会很辛苦。像炸鸡块、猪排、汉堡肉这些适合带便当的菜，在前一天做晚饭的时候，就可以顺便多做一些放在冰箱里备用。如果便当里的主菜提前准备好了，那接下来就会感觉轻松很多。当然，除了把前一天做好的菜直接装进便当盒，我们还可以试着给它变一下口味，或者稍加料理做成别的菜，这类简单的再加工也是很方便的（详见 P70 ～ 77）。因为本来就是已经做熟了的菜，再处理起来就会很快，自己压力也不会太大。

每天都要准备便当，每次我最多只用 15 ~ 20 分钟就做好了。
所谓轻松做便当，就是要把烹调时间缩减到最短，使步骤最简。
不勉强、不硬撑，才能长期稳定地把便当持续做下去。

POINT 3

POINT 4

猪肉用沙拉汁腌渍起来，预留的蔬菜码放在盘子里。

从左上角开始，顺时针方向依次是咖喱洋葱（P89）、腌蘑菇（P91）、青椒拌海带（P88）、甜味煮地瓜（P90）。

提前把食材准备好

为了每天能够在起床后立刻就可以开始做便当，我会在前一天晚上把第二天要做的菜定好，并把食材也都准备好。那些在做晚饭时余下的食材边角料，都可以用来做便当。把这些材料（时间充裕的时候，我还会把它们提前切好）码放在盘子里，然后覆上保鲜膜放进冰箱。肉类只要提前一晚腌渍好，第二天早晨煎一下就可以了。像这样，前一天稍微准备一下，就能帮自己很大忙。但是就算是提前准备好了一切，有时候第二天起床后就全都忘了。所以早晨起床后要第一时间去确认冰箱里的食材。

做晚饭的时候顺便多做出常备菜

常备菜并不需要每天都做，如果冰箱里有几样常备菜，也会减少做饭的压力。像我们家，偶尔也会专门做几种常备菜，但更多的还是在做前一天晚饭的时候顺便多做一点出来。如果常备小菜做得比较简单清淡，稍加改造还可以变化做出很多别的菜。我们家的便当讲求的是"入味、爽口、蔬菜不调味"，所以煮蔬菜（P68）也是冰箱常备。

让便当看起来更诱人、吃起来更美味！

木质便当盒让食物更诱人

最早的时候，我们家的便当盒都是塑料的。大约 10 年前，
开始逐渐换成了现在这种木质便当盒，用这种盒子会让便当看起来更好吃。
目前我已经收集了很多不同形状、不同大小的木饭盒，并且每天都在使用。

[自用木饭盒展示]　★ 在使用木饭盒的时候，我会把里面带的隔板拿出来。

1
- -

产自日本鸟取县的
椭圆形木饭盒，是
我最常用的一款。
宽、长、高约为
11.5cm × 18cm ×
4.5cm。

2
- -

同样也是日本鸟取县
的木饭盒，与 1 的区
别是接口处的花纹不
一样。宽、长、高约
为 11.5cm × 18cm ×
4.5cm。

3
- -

产自日本福岛县的椭
圆形木饭盒，比 1、2
稍微浅一些。宽、长、
高约为 11cm × 19cm ×
4cm。

4
- -

产自日本岐阜县的
圆形木饭盒，带盖
饭时会经常用到。
直径约 15cm，深约
6.5cm。

5
- -

产自日本鸟取县的
圆形木饭盒，但比
4 稍微浅一些。直
径约 16cm，深约
5.5cm。

[使用木饭盒的好处]

- 木饭盒可以帮助吸收食材里多余的水分，即便米饭凉了也会很美味。
- 可吸收水蒸气，做好的菜可以直接装进去，不用特意放凉，保留食材的香气。
- 美食配美器，即便是很普通的菜，装进这种饭盒卖相也会很好，看起来更好吃。
- 可以长期使用，并且用得越久越是古朴自然、赏心悦目。

6

– –

产自日本静冈县的双层涂漆木饭盒。上层可嵌入下层，方便收纳。宽、长、高约为：下层12.5cm×17cm×5cm；上层：10cm×15cm×5cm。

7

– –

产自日本宫崎县的双层圆形木饭盒，相对较深。直径约14.5cm，深约10cm。

8

– –

产自日本高知县的栗子形木饭盒，外形特别，我很喜欢。宽、长、高约为14cm×15.5cm×6cm。

9

– –

产自日本福冈县的长方形圆角木饭盒，宽、长、高约为8.5cm×19cm×6cm。

10

– –

产地不明的椭圆形涂漆木饭盒。宽、长、高约为15cm×19cm×6.5cm。

为了更持久地使用下去

如何保养木饭盒

[无涂漆木饭盒的清理]

内侧的木材接口朝下放置

STEP **1**

STEP **2**

STEP **3**

用柔软的洗碗海绵轻轻擦拭盒子的各个部位，温水（约40℃）冲洗干净。

★不建议使用清洁剂清洗此类便当盒，因为清洁剂会渗入木头的纹理，无法彻底清除。请注意水温不要过高，以免造成木盒开裂。禁止用洗碗机清洗。

如盒子上粘了较难清洗的饭粒，可以用稍硬一点的有棱角海绵轻轻擦除。

洗净后擦去多余的水，将便当盒倒置立在滤网里，在通风处放置一天，使其充分干燥。

★盒子内侧不容易干，请注意把内侧的木材接口朝下放置，这样可以避免内侧存水。如果每天都需要带便当，那么最好至少准备两套便当盒，以方便交替使用。

[涂漆木饭盒的清理]

STEP **1**

STEP **2**

STEP **3**

用柔软的洗碗海绵、加入清洁剂，冷水冲洗。

★此类便当盒表面做了涂漆处理，一般清洁剂都可放心使用。

擦去多余的水。

将便当盒倒置立在滤网里，在通风处放置一天，使其充分干燥。

在使用木质便当盒时，可能会需要多花点心思，

但只要习惯了其实也不难。

现在，我就把自己平时使用无涂漆和涂漆木饭盒时的保养方法介绍给大家。

[使用新便当盒时]

STEP **1**

沸水稍作放置，待水温下降到 80 ~ 90℃，放入新便当浸泡 30 ~ 60 分钟。为防止盒子浮出水面，上面可压一个盘子或重物。

★热水可以祛除木材的涩味，但浸泡时间过长，反而会使便当盒的木头味更重，这点请大家注意。

STEP **2**

热水变浑浊就代表涩液已被浸出（根据木材的品种不同，浊液的颜色也不同，有些甚至没有颜色）。取出盒子擦干，然后按照左页 STEP3 的方法晾干。

[装便当前]

便当盒内侧过一遍水，用厨房纸擦去多余水分。

★过水可以让便当盒内部形成一层水膜，使米饭不容易粘在上面，还可防止食材和便当盒之间染色和串味。

[有油分渗入时]

STEP **1**

烧开水，关火后稍作放置，待水温下降到 80 ~ 90℃，将热水倒入便当盒和盒盖中，水位没过边缘。

★有时盒子上会出现一些黑色的斑点，不过这些黑点并不是霉，而是木材里所含有的鞣酸与米饭中的淀粉发生反应形成的，对人体无害。如果还是比较在意，可选用稍硬一点的海绵将其擦除。

STEP **2**

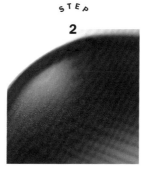

静置一会儿便可看到有油花浮出，当油层不再动时，就说明祛油已经完成。最后把盒中的热水倒掉、晾干。

装便当前的小技巧

在装菜之前，可以在便当盒内铺一层隔油纸，这样可有效防止油渍的浸入。

便当好伙伴！

冰箱常备食材推荐

五花肉片、鸡肉、三文鱼、各种色彩缤纷的蔬菜和腌菜……
现在来看看我家便当里的常用食材吧。

五花肉薄片

这种肉片很薄非常容易熟，并且很好入味。可以用来炒菜、做肉卷等，十分好用。

鸡腿肉

鸡肉预先用酱油等调味料腌渍。早晨只要用微波炉简单加热，就完成了一道菜。

盐渍三文鱼

便当绝配。可以烤完后直接放在米饭上，也可以烤熟后捣碎做成3色便当（P22）。

香肠

简单炒一下就可以成一道菜，当饭盒没有装满时，还可以用香肠来填补，以增加菜量。

炸鱼肉饼

类似这样的肉丸或小肉饼，不仅可以做关东煮，直接吃也很美味。

培根

培根比较有嚼劲，除了做培根卷，还可以用来炒菜。

彩椒、青椒

可以用来做炒菜和小拌菜。容易熟，颜色也漂亮，是我家的常备食材。

西蓝花

可以预先用微波炉加热后保存备用（P68）。西蓝花也是填充便当盒空隙的好帮手。

卷心菜

可以做小拌菜、炒菜，切细丝做成沙拉等，无论怎么做都方便。

鸡蛋

可以做煎蛋卷（P67）、煮鸡蛋、蛋饼（P57）等。黄灿灿的蛋黄会让你的便当看起来更加丰盛和美味。

绿紫苏

在装盘时，绿紫苏经常会被铺在底部充当隔断，还可以让便当看起来更加多彩。

腌菜

我们家的常备腌菜是紫苏腌菜和佃煮*海带。有时候也会用到腌萝卜、腌野泽菜*、红姜等。

* 佃煮：将新鲜的鱼类、海鲜、海藻等，以酱油、味醂、砂糖烹煮而成的日式小菜，带有甘辛的咸甜滋味，风味浓醇。
* 野泽菜：日本原产的一种叶用芜菁。

PART 1

超下饭！

重点推荐！优选便当 BEST5

只要把菜放在米饭上就可以完成的超简单便当。可以大口吃菜、大口吃饭，分量十足，绚丽多姿。我从自己经常做的便当里精选出了沙司肉排便当、海苔便当、三色便当等五种便当，在这里介绍给大家。每款便当后还介绍了很多其他花样搭配，供大家参考。

盖肉便当

在我们家，人气最高的便当要数"盖肉便当"。打开便当盒，满满一盒肉瞬间映入眼帘，真的很有冲击力。我在盛便当时，会先在米饭上铺一层绿紫苏或海苔，然后再把肉盖上去，"加一层铺垫"，这也是长谷川式便当的一个特点。

照烧猪肉便当

把五花肉炒至出油，再用酱油和白砂糖浇汁，炒出来的肉十分有光泽。起锅以后，请注意一定要先将菜充分冷却。同时，可以在米饭上面撒一些海苔碎，旁边再简单装饰一些小副菜。

主菜

● 照烧猪肉

[材料] 1人份

五花肉薄片……60g
酱油……2 小勺
白砂糖……1 小勺

1 把五花肉片切成 3cm 长的小段。

2 把切好的肉片在平底锅中摊开，中火翻炒。肉片炒至焦脆后，先暂时关火，用厨房纸吸走多余的油脂。

3 接着再次用中火，加入酱油和白砂糖，均匀翻炒，至完全收汁。

副菜

● 嫩煎火腿芦笋

[材料] 1人份

火腿厚切片……半片
芦笋……1 根
色拉油……少许

1 芦笋焯水，将下端较硬的部分去皮，然后切成 4cm 长的小段。火腿对半切开。

2 锅中烧热油，将 **1** 中备好的食材下锅，中火翻炒。

● 西蓝花鸡蛋沙拉

[材料] 1人份

煮鸡蛋（P68）……半个
煮西蓝花（P68）……1 ~ 2 朵
蛋黄酱……1 小勺
盐、胡椒粉……各少许

1 煮鸡蛋用刀切碎块。

2 将切好的鸡蛋放入碗中，加入西蓝花、蛋黄酱、盐和胡椒粉搅拌均匀即可。

12 款花样盖肉便当

黑醋鸡肉便当

前一天晚上，用酱油和黑醋将鸡肉提前腌好，早上起来只要用微波炉加热即可。先加热 4 分钟，翻面后再热 2 分钟。副菜是炖羊栖菜和煮西蓝花（P68）。

烤鸡胸肉便当

先用微波炉将蘸过烤肉酱的鸡胸肉加热，然后放入平底锅中翻炒至酱料入味。米饭上提前盖一层炒鸡蛋和海苔碎。副菜是柚子醋拌黄瓜、炖冻豆腐和佃煮海带。

青椒炒鸡肉便当

鸡肉蘸酱油后用微波炉加热，然后切成易入口的大小，和青椒一起用芝麻油炒至入味。副菜是煮鸡蛋（P68）、番茄酱炒培根和甜煮地瓜（P90）。

酱汁烧肉便当

把猪里脊切成大小合适的肉片，直接下锅煎熟，然后加入伍斯特酱（辣酱油）翻炒一会儿，最后放入豆芽炒入味。副菜是煮鸡蛋和煮西蓝花（P68）、洋葱蛋黄酱沙拉、佃煮海带。

烧肉便当

将牛（猪）肉片煎熟，拌上烤肉酱汁。胡萝卜丝用蛋黄酱拌匀，旁边放一些韩式拌卷心菜（P63），再点缀两颗煮鹌鹑蛋。盛烧肉之前可以先在米饭上撒一些海苔碎。

姜汁猪肉便当

猪肉片加洋葱做成姜汁猪肉（P66）。副菜是盐渍黄瓜紫洋葱、海苔煎蛋卷（P31）、花椒煮小鱼干。米饭上面可以铺一层菊苣，这种蔬菜可存放的时间较长，用起来很方便。

主菜是用猪肉、鸡肉还是牛肉，可以根据当天冰箱里的食材或前一天晚饭
的内容来决定。如果前一天用调料把肉提前腌好，
那么第二天早晨只要用微波炉热熟就可以了，真的很省力！

04

照烧鸡胸肉便当

这里用的照烧鸡肉是前一天晚饭余
下的，因为放了一晚上，肉已经十
分入味了。直接加点灰树花炒一下
即可做好一道主菜。副菜是南瓜沙
拉（P61）、海苔蛋卷、奶油炒西蓝花。

05

牛蒡炖牛肉便当

牛蒡炖牛肉也是前一天做的，放置
一晚后，现在更入味。副菜是炸腐
皮卷蟹肉棒、炒鸡蛋。所有菜都盛
好以后，缝隙里可以再放点鱼松。

06

烧牛肉便当

牛肉和洋葱用烤肉酱腌渍后炒熟。
副菜是柚子醋拌杏鲍菇小番茄、青
椒炒鸡蛋。米饭上撒海苔碎。

10

香辣猪肉便当

猪五花肉切成小片，加白砂糖、酱
油和辣椒油炒熟。副菜是彩椒烧茄
子、炸豆腐。米饭上撒海苔碎。

11

寿喜烧便当

牛肉片直接下锅煎，用白砂糖、酱
油、酒调味。在汤汁还未收干之前，
将豆腐和金针菇放进锅中稍微煮一
会儿。关火后稍等片刻，等食材全
部入味后，盛到米饭上，一道美味
的寿喜烧便当就做好了。

12

微波煮牛肉便当

这天刚好冰箱里有碎牛肉，于是
我就用微波炉把它做成了煮牛肉
（P79）。副菜是鸡蛋卷炒牛蒡、
西蓝花（提前用微波炉加热）和小
番茄。

海苔便当

我们家的海苔便当有点特别，我一般会做成"蛋糕海苔便当"。"蛋糕海苔便当"起源于我所居住的日本神奈川县须贺市，是一种把米饭和海苔交替放置的分层便当。即便是菜很简单，整体看起来也会很漂亮，家人们吃起来也会很开心。

烤三文鱼海苔便当

在选烤三文鱼做主菜的时候，我一定会在米饭上先铺一层海苔。就像这样，即使没有做很精致的菜，便当看起来也会很漂亮。当然味道也很好，很下饭，直到最后一口也都很美味。

RECIPE

02

● 蛋糕海苔便当

[材料]1人份

米饭……1人份
烤海苔……2片（大小适度）
酱油……适量

取二分之一的米饭平铺在便当盒底部（厚度约为1cm）。平盘中倒入适量酱油，夹取一片海苔，使两侧均匀蘸满酱油。

将 1 中蘸好的海苔铺在米饭上。

将剩余二分之一的米饭铺在上一步的海苔上，再取另一片海苔，单侧蘸酱油。

将海苔蘸有酱油的一侧盖在米饭上，就做好了。
★在第3步中铺完第二层米饭之后，在上面先撒点鱼花、梅干肉等，也会很好吃哦。

主菜 - - - - - - - - - - - - - - - - - -

● 烤三文鱼

[材料]1人份

盐渍三文鱼……1块

1　将三文鱼在烤鱼架或平底锅中煎烤至两面焦脆。

2　根据饭盒的大小，把鱼块装不下的部分切掉，主菜便完成了。

副菜 - - - - - - - - - - - - - - - - - -

● 煎鸡蛋丝

[材料]适量

鸡蛋……1个
色拉油……少许

1　鸡蛋打入盆中，用打蛋器打散。

2　用厨房纸在平底锅中擦一层色拉油，用小火热锅；将 1 中的蛋液均匀倒入锅中；蛋饼微微成型后将其翻面。关火，用余热将蛋饼煎至熟透。

3　取出蛋饼，折叠成四层，从一端开始，将蛋饼切成5mm 宽的丝。

● 培根炒卷心菜

[材料]1人份

培根……1条　　　　　盐、胡椒粉……各少许
卷心菜……半片　　　　色拉油……少许

1　将培根切成2cm 长的小段，卷心菜切成适口大小。

2　平底锅中加色拉油烧热，将 1 中处理好的材料倒进锅中，加盐和胡椒粉，用中火炒熟。

● 煮西蓝花

→ P68

12 款花样海苔便当

01

佃煮鸡心海苔便当

米饭做成蛋糕海苔饭。佃煮鸡心口感特别，是我非常喜欢的一道小菜。再放几块炸鸡块（P66）和煎蛋卷（P67），最后放点虎皮小尖椒来增加便当的色彩感。

02

酱油烧鸡海苔便当

米饭上先撒上一些佃煮海带和鱼花，然后铺一层海苔。鸡肉用酱油腌渍后煎熟，放几块煎蛋卷（P67）。小菜有水菜沙拉、自家腌制的胡萝卜和萝卜苗。

03

炸鸡海苔便当

米饭做成蛋糕海苔饭。炸鸡块（P66）用的是之前做好的常备菜。小菜有蟹肉棒黄瓜蛋黄酱沙拉、橄榄油炒豌豆火腿西蓝花。

07

炸鸡煮蛋海苔便当

米饭做成蛋糕海苔饭。炸鸡块（P66）用的是前一天晚饭多做出来的，煮鸡蛋（P68）切片，旁边点缀一些青椒洋葱炒腊肠。

08

烤三文鱼炸鱼糕海苔便当

这天的菜有烤三文鱼（P19）、海苔炸鱼糕、鱼松煎蛋卷、芝麻油拌黄瓜和叉烧火腿。装三文鱼时，大家要记得先在米饭上铺一层海苔。

09

炸鸡煎蛋卷海苔便当

米饭做成蛋糕海苔饭。炸鸡块（P66）是前一天晚上提前炸好的，煎蛋卷里面放了鱼松。煎完蛋以后不用洗锅，可以接着做一些荷兰豆炒火腿搭配在旁边，这样会让便当看起来更加美味。

只要有烤三文鱼或炸鸡块，我一般都会选择做海苔便当。
即便没做太多菜，只要铺上一张海苔，
那这天的便当看起来也不会太差。

04

煎蛋卷海苔便当

米饭做成蛋糕海苔饭。这天煎蛋卷（P67）的时候，我放了一些红姜进去，这样会让蛋卷更加下饭。副菜有胡萝卜炖鱼糕、叉烧火腿西蓝花沙拉。

05

烤青花鱼烧麦海苔便当

盛菜之前先在米饭上铺一层海苔，主菜就是烤青花鱼和大烧麦。副菜是用味噌炒的茄子和红椒（P58），吃起来口味和青花鱼很搭。

06

肉末炒彩椒海苔便当

米饭做成蛋糕海苔饭。今天有两个炒菜，一个是肉末炒彩椒，另一个是蚝油炒香菇。另外还放了两块鱼松煎蛋卷，豌豆用微波炉加热一下放进去，使色彩搭配更好看。

10

姜汁猪肉海苔便当

米饭做成蛋糕海苔饭（这次的海苔要放尺寸小一点的）。做姜汁猪肉（P66）时要把汤汁收干，再用豆芽等蔬菜做些培根卷（P55），最后放几块煮西蓝花和煮鸡蛋（P68），看起来更加美味。

11

炒牛蒡海苔便当

米饭做成蛋糕海苔饭。今天没做主菜，于是多装了点之前做好的炒牛蒡。另外还有洋葱青椒炒小香肠、鸡蛋沙拉（P64），再加点小番茄做点缀。

12

肉卷海苔便当

米饭做成蛋糕海苔饭。用猪肉片将彩椒和香肠卷起来，然后用作姜汁猪肉的方法将肉卷炒熟并收汁。副菜是煎蛋卷和炖魔芋。

三色便当

做这种便当不需要思考太多，只需要把食材装进便当盒就大功告成。当你比较忙、没有时间做便当时，选择做三色便当简直最合适不过了！用肉末、三文鱼松、炒鸡蛋和绿叶蔬菜，便可做出一盒集褐色、红色、黄色、绿色为一体的多彩美味便当。

肉末 × 三文鱼 × 菠菜三色便当

三色便当中，最不可或缺的就是肉末和三文鱼松。菠菜切小段做成韩式小拌菜。除了三个颜色的下饭菜以外，还可以点缀一些色彩鲜艳的腌菜。这样既可以增加亮点，还可以让便当看起来赏心悦目。

三色下饭菜 -

● 肉末

[材料]适量

混合肉馅……300g
酱油……4 大勺
白砂糖……3 大勺
熟芝麻（白芝麻）……少许

1 将肉馅倒入耐热碗中，加酱油、白砂糖充分搅拌均匀。然后在碗上盖一层保鲜膜，微波炉（600W）加热 3 分钟。

2 用汤匙的背面将加热后的肉馅压散，并充分搅拌开。然后盖上保鲜膜，放进微波炉再加热 2 分钟。

3 用第 **2** 步中的方法将肉馅压散，盖上保鲜膜再用微波炉加热 2 分钟。确保肉馅熟透后，再次将肉馅压散、搅拌开，最后撒上芝麻。

★做好的肉末可在冰箱中冷藏保存 5 天左右。

● 三文鱼松

[材料]适量

烤三文鱼（P19）……1 块

1 将烤好的三文鱼去皮、去骨。

2 剔除有血块的部分后，用餐叉将鱼肉捣碎。

● 韩式拌菠菜

[材料]适量

菠菜……3 ～ 4 棵
芝麻油……2 小勺
盐、胡椒粉……各少许

1 菠菜洗净后用保鲜膜包住，放进微波炉（600W）加热 1 分半钟。加热后过水控干，切成 1cm 长的小段。

2 将切好后的菠菜放入碗中，加入芝麻油、盐、胡椒粉后充分搅拌均匀。

12 款花样三色便当

三文鱼 × 菠菜 × 煮鸡蛋

这天冰箱里刚好有煮菠菜和煮鸡蛋（P68），于是做了韩式拌菠菜。把前一天晚上烤好的三文鱼做成鱼松，最后放点豌豆提亮。

肉末 × 豇豆 × 炒鸡蛋

这天做肉末的时候放了黑醋。放黑醋不仅可以增加肉末的醇香，还可以延长存放时间，夏天也不用担心肉末变质。豇豆没有做任何调味，所以吃的时候可以和肉末一起入口。最后将炒鸡蛋盛进去。

时雨煮牛肉 × 菠菜 × 煎蛋卷

用朋友送的松阪牛肉做了时雨煮*。菠菜用盐和胡椒粉清炒一下，和煎蛋卷（P67）一起放进去，这样便当的颜色会更加协调好看。

绿紫苏小银鱼 × 三文鱼 × 炒鸡蛋

将捣散的烤三文鱼、炒鸡蛋分别铺在米饭上。小沙丁鱼用芝麻油炒过后放凉，然后撕几片绿紫苏拌进去，为便当增加几分亮点。

炒鸡蛋 × 胡萝卜 × 肉末

因为冰箱里还有肉末，所以这天也准备做三色便当。但碰巧家里的绿叶蔬菜已经用完了，于是做了炒胡萝卜丝来替代。再放点炒鸡蛋，一款暖色系的三色便当就做好了，看起来还不错。

肉末 × 炒鸡蛋 × 拌菠菜

肉末是之前做好的，这天只需要做一个炒鸡蛋和韩式拌菠菜，一款经典的三色便当就完成了。肉末盛得比较多，所以便当整体看起来更有重点，平衡感也不错。

*时雨煮：以佃煮为基础，加入了大量姜丝的一种日式炖煮方法，甜中带咸，蕴含着姜的清香。

三色便当的固定菜品一般是肉、三文鱼和鸡蛋，
再放点当天手头上有的蔬菜就基本完成了。
即便是相同的三种颜色，但根据所使用食材的不同，每款便当给人的感觉也大不相同。

姜汁猪肉 × 荷兰豆 × 炒鸡蛋

今天选用了圆饭盒，正中间装的是
这次的主菜猪肉姜汁猪肉（P66）。
两边分别装上煮荷兰豆丁、炒鸡蛋，
一道完美的三色便当就完成了。

肉末 × 煎蛋卷 × 菠菜杏鲍菇

肉末做主菜，煎蛋卷（P67）、菠菜
炒杏鲍菇为副菜。肉末和杏鲍菇刚好
是同色系，所以这款也是毫无争议的
三色便当。

蘑菇 × 青豆 × 鸡蛋丝

今天是将冰箱里存储的肉末直接拌
进了米饭里，给米饭提前入味。盐
水煮青豆、煸蘑菇、煎鸡蛋丝可以
做得清淡一点。

三文鱼 × 煎蛋卷 × 青椒

今天只有半块三文鱼可用，同样是
捣散后盖在米饭上。青椒清炒一下
和煎蛋卷（P67）一起放进去。虽
然都是很简单的菜，依然可以做出
看起来还不错的便当。

菠菜 × 三文鱼 × 炒鸡蛋

三文鱼烤熟后捣散，菠菜用微波炉
加热、控水后做成韩式拌菜，鸡蛋
炒成碎末。最后撒一些黑芝麻来为
便当增加亮点。

炒鸡蛋 × 菠菜 × 三文鱼

乍一看这款便当和左边的是一样
的，不过这里用的三文鱼和菠菜是
用微波炉热熟的。将加热好的三文
鱼捣散，菠菜用自制辣椒油、盐、
胡椒粉调味做成拌菜，装好炒鸡蛋，
最后撒一些白芝麻做点缀。

沙司肉排便当

放了炸肉排的便当看上去很丰盛，家人也会很开心。肉排裹着浓浓的沙司，即便是放置一段时间，也丝毫不会影响肉排的美味。这也是我家的一款比较经典的便当。

沙司鸡排便当

如果前一天晚饭做了炸鸡排，我一般会多做出一块来做第二天的便当。
如果被家人看到，肯定会吃得一个也不剩，所以炸完放凉后我会立刻
把多准备的那块放进冰箱。蘸了沙司的肉排会很下饭，所以一定要多
装些米饭。副菜就简单放了些炖海带丝和煮鸡蛋。

主菜

● 沙司肉排

[材料] 1 人份

鸡腿肉……1 块
盐、胡椒粉……各少许
Ⓐ ┌ 鸡蛋……1 个
  │ 低筋面粉……4 大勺
  └ 水……2 大勺
面包糠……适量
食用油……适量
伍斯特酱……适量

1 将鸡肉对半切开，两面撒上盐和胡椒粉。

2 将Ⓐ的材料在盆中拌匀，面包糠倒入平盘中。

3 鸡肉挂上第 **2** 步中调好的面糊后，满满裹上一层面包糠。待油温烧至170℃后，将鸡肉下锅，中火炸至熟透。

4 平盘中倒入伍斯特酱，将炸好的鸡排两面充分蘸满酱汁（如右图所示），最后将其切成适口小块。

POINT

在蘸酱汁时，一定要保证肉排两面都充分蘸满，这样才会更好吃。

副菜

● 炖海带丝

[材料] 适量

海带丝……150g
炸豆腐……1 片
胡萝卜……1/4 根
Ⓐ ┌ 海鲜高汤……150mL
  │ 酱油……2 大勺
  └ 甜料酒……2 大勺
色拉油……少许

1 将海带丝切成 7 ～ 8cm 的长段，炸豆腐切成宽约 1cm 的条，胡萝卜切薄片。

2 锅中热油，将 **1** 中准备好的食材倒入，用中火炒熟。

3 加入Ⓐ，中火煮 10 分钟。

● 煮鸡蛋

➡ 参见P68

12 款花样沙司肉排便当

01

肩胛肉排

今天便当的主菜是沙司炸猪肩胛肉。副菜是炸豆腐炖胡萝卜，旁边点缀两片微波炉热熟的荷兰豆，再来点卷心菜丝和盐渍黄瓜阳荷用来清口。

02

三明治猪排

这天儿子要去郊游，我给他做了炸猪排三明治，用同样的猪排顺便给丈夫做了便当。满满盛上一盒米饭，盖上裹满酱汁的炸猪排，副菜搭配卷心菜丝、蜜饯胡萝卜、西蓝花炒蘑菇。

03

鸡排盖饭

这次是分量十足的沙司鸡排盖饭。副菜是卷心菜丝和橄榄油炒西蓝花。因为这次放得卷心菜比较多，所以单独放了蛋黄酱来提味。

07

五花肉片

这次的肉排是用五花肉片做的。取两片五花肉叠在一起，然后裹上面衣炸熟。这样做的肉排很容易熟，吃的时候也容易咀嚼。副菜是鸡蛋沙拉（P64）和生菜。

08

炸里脊

便当中间放的是两个蘸满了酱汁的炸里脊。里脊下面是海苔碎和用盐和胡椒粉清炒的菠菜，一侧放了些煮羊栖菜。

09

沙司鸡排加点芝麻

把前一天晚饭多做的肉排蘸上酱汁，然后再撒上一层白芝麻，无论是品相还是口味都会得到提升。副菜放的是手撕生菜和炖海带丝。

在做沙司肉排便当时，我一般会多放一些卷心菜丝之类的蔬菜。
炸肉排不一定要用厚厚的一片肉来做，
涮肉用的薄肉片、碎猪肉、鱿鱼或者火腿也可以做出好吃的"肉排"。

04

05

06

碎猪肉排

将半解冻的碎猪肉，用盐和胡椒粉简单腌渍后裹上面衣炸熟。这样做出的肉排柔软多汁，也很不错。豆芽用热水焯一下，和海带一起拌成小菜。另一侧放的是清炒小松菜。

半淋沙司肉排

这次的肉排没有全部蘸酱汁，而是先把肉排切好放在米饭上，然后在上面淋了大约二分之一面积的酱汁。副菜是蚝油炒彩椒胡萝卜，另外还放了些水焯菠菜和小咸菜。

薄肉排

今天的便当所用的肉排，依然是给儿子做郊游带的三明治时多炸出来的，所以看起来比较薄。副菜是培根卷金针菇（P55）、鸡蛋沙拉（P64）、素煎芦笋和蟹肉棒。

10

11

12

炸鸡排

这天除了确定好用炸鸡排做主菜以外，其他的都没考虑。鸡排裹上浓浓的沙司酱汁盖在米饭上，副菜是卷心菜丝和炒菠菜，非常简单的便当。

炸鱿鱼

将炸好的鱿鱼蘸满酱汁，然后切成适口大小。副菜有炖牛肉、五彩豆豆苗沙拉、煮芦笋（P68）。

炸火腿

家人很喜欢吃炸火腿这种传统风味食物。将炸好的圆形火腿片横纵两刀切成4等份，叠放在米饭上，最后淋上酱汁。副菜是炸肉丸和番茄炖香肠。

鱼便当

大家常常会觉得很难用鱼带便当，但实际上用鱼做菜也很方便。除了常做的烤三文鱼，照烧鱼块、炸鱼块、鱼肉天妇罗、炖鱼也都非常美味。用鱼做菜有一个很大的问题就是鱼腥味，但只要把菜凉透以后再装进便当盒就没问题了。还有，盛便当的时候不要把鱼直接盖在米饭上，而是先在米饭上铺一层海苔、绿紫苏或者一叶兰，再放鱼会更好。

照烧旗鱼便当

除了旗鱼，三文鱼、鲕鱼等也都可以这样做，是一道十分下饭的菜。这道菜在炖煮的时候可以多放点甜味料酒，做好后要充分冷却，以便让鱼肉更加入味。油菜直接用平底锅素煎一下，煎蛋卷时放片海苔也不错。副菜还有鱼糕炸鱼肉饼秋葵杂烩、佃煮海带，看起来也很丰盛吧。

RECIPE

0 5

● 照烧旗鱼

[材料]1人份

旗鱼……1 块
甜味料酒……2 小勺
白砂糖……少许
酱油……2 小勺
色拉油……少许

1 如果鱼块太大，可以切下一部分来用。平底锅中热油，用中火将鱼块煎至两面焦香。

2 待鱼块熟透后，依次加入甜味料酒、白砂糖、酱油，轻轻翻炒，使整个鱼块均匀沾满调味汁，等汤汁即将收干时即可起锅。

● 海苔煎蛋卷

[材料]适量

鸡蛋……2 个
甜味料酒……2 小勺
酱油……少许
烤海苔……1 片
色拉油……少许

1 将鸡蛋打散，然后在蛋液中倒入甜味料酒和酱油。海苔切成比煎蛋锅略小一圈的大小。

2 锅中热油，用中火，将蛋液倒入锅中，用筷子搅拌，使蛋液均匀地铺在锅中。等到鸡蛋八分熟时，改成小火，并将海苔放到鸡蛋上（如图所示）。

3 从锅的上部，将蛋饼和海苔一起向内卷大约 3 圈，然后关火，用余温继续加热蛋卷，直至熟透。

★切蛋卷一定要趁蛋卷还没有凉透时进行，因为凉透后里面的海苔会变得塌软，不容易切断。

POINT

为了使蛋卷切开后能呈现出漂亮的螺旋状，在放海苔时一定要注意将其平整地铺开。

● 素煎油菜

[材料]1人份

油菜……1/2 棵

1 油菜沿根部竖着切成 3 ～ 4 等份。将切好的油菜均匀地码放在平底锅中，等一侧煎至金黄后，翻面继续煎另一侧。

● 鱼糕炸鱼肉饼秋葵杂烩

[材料]1人份

竹轮鱼糕……1/2 根
炸鱼肉饼……1 块
秋葵……1 根
沾面汁 *（加水稀释）……100mL

1 将竹轮鱼糕斜着切开，炸鱼糕对半切开，秋葵切成 3 等份。

2 将稀释好的沾面汁倒入锅中，依次放入鱼糕和炸鱼糕，用中火煮 5 分钟，最后加入秋葵煮 30 秒，然后起锅并将菜放凉。

＊沾面汁是以高汤、酱油、味醂和砂糖为基础制成的调味料。在日本主要与挂面、荞麦面、乌冬面、凉面等面食一起食用。

12 款花样鱼便当

三文鱼便当

将盐渍三文鱼烤熟、放凉，然后放到预先铺在米饭上的绿紫苏叶上。烧麦过油炸熟，蘑菇和青椒用微波炉加热后加柚子醋拌成小菜，最后再加一块煮鸡蛋（P68）。

酱烧旗鱼便当

白蘑菇用黄油炒熟后盛出，接着用味噌和味醂腌渍过的旗鱼下锅煎熟。副菜还有甜炖胡萝卜、微波油菜花。最后在米饭上铺一层鸭儿芹，将旗鱼盛入便当盒。

照烧旗鱼紫米便当

照烧旗鱼隔一叶兰放在米饭上。旗鱼油脂较少，非常适合用来带便当。今天的副菜是卷心菜炒培根和煎蛋卷（P67）。

烤三文鱼便当

儿子很喜欢烤三文鱼便当。猪五花肉卷上豇豆用微波炉热熟，再用菠菜和彩椒炒些培根，蟹味菇和香菇用芝麻酱汁拌成小菜。

三文鱼碎便当

将烤好的三文鱼剔除鱼骨后捣散。卷心菜和培根切丝，加鸡蛋煎成蛋饼。另外还做了些佃煮蜂斗菜。中间是烤山药糕。

秋刀鱼罐头便当

将茄子和烤秋刀鱼罐头一起炒熟。米饭上铺一层海苔，盛好烤鱼后上面撒上几片荷兰豆，让便当看起来颜色更加好看。

鱼做的菜一般都比较清淡素雅，做出来的便当也因此变得很有日本的传统风味。

三文鱼、秋刀鱼、鳕鱼等都经常被拿来做便当。

不过在我们家，不挑配菜的旗鱼才是最常用的鱼。

| 0 4 | 0 5 | 0 6 |

鳗鱼便当

今天是烤鳗鱼盖饭。鳗鱼下面铺的是蛋饼丝。副菜比较清爽，是土豆泥沙拉和盐渍黄瓜。

炖鱼便当

用鳕鱼等做的炖鱼也是家人们非常喜欢的一道菜。往便当里盛鱼时要注意不要把鱼块弄碎，炖鱼的汤汁也一定要控干。副菜是韩式拌茄子卷心菜和煎蛋卷（P67）。

烤秋刀鱼便当

秋刀鱼沾上一层低筋面粉后烤熟，然后两面蘸满甜辣口味的酱汁，放凉后隔绿紫苏叶放在米饭上。副菜是炒肉末、芝麻拌豇豆和芝士烤鸡块。

| 1 0 | 1 1 | 1 2 |

炸三文鱼便当

三文鱼预先用酱油、盐、胡椒粉腌渍片刻，然后裹上面粉、蛋液和面包糠炸熟。如果腌得比较入味，可以不用额外淋其他酱汁。副菜是素炸茄子和炒豆芽。

蛋黄酱烤旗鱼便当

将旗鱼撒上盐和胡椒粉烤熟，最后淋上一层蛋黄酱。副菜是煎蛋卷（P67）和胡萝卜辣炒牛蒡。

酱香旗鱼便当

这样做鱼时最好选相对较薄的鱼块。鱼块用味噌和黄油煎熟。虽然旗鱼本身是一种含油脂较少的鱼类，但这样烹调后也十分下饭。副菜是胡萝卜辣炒土当归。

漂亮的便当"装盘"法

完成

这次的主菜是鸡肉卷（P44）。副菜是之前做的甜味煮地瓜、奶油炒蘑菇（P91）、煮西蓝花（P68）和佃煮海带。米饭上撒的是梅干紫苏拌饭料。

POINT

米饭装好以后，用饭铲在一侧压出一个斜面，这样可以让便当里的菜看起来更加立体，并且可以协调菜和饭的比例。

在白米饭上撒一些拌饭料会让便当整体看起来更加丰盛哦。

基础盛法

1 将米饭装进便当盒，并压出斜面（**ⓐ**）。

2 装菜之前，先在便当盒里铺一张纸托。★便当盒的边缘部分非常容易积存污渍，所以一定要用纸托好好遮住。

3 沿着米饭的斜面先铺一片绿紫苏，然后将鸡肉卷斜立着靠在紫苏叶上。

4 接着把甜味煮地瓜和奶油炒蘑菇装进去。

5 缝隙里放两朵煮西蓝花。

6 边角处放一点佃煮海带，最后撒上拌饭料（**ⓑ**）。

用米饭制造一个倾斜面，使菜可以立着装；用绿紫苏代替纸托。

在以往十几年的做便当生涯中，

我也摸索出了一些漂亮的"装盘"方法。

完成

主菜是嫩煎猪肉片（肉片预先用沙拉调味汁腌渍好）。副菜有培根卷杏鲍菇（P55）、姜泥酱油拌扁豆角，再加上煮鸡蛋（P68）、小番茄、紫苏腌黄瓜做点缀。

POINT

将米饭先装进便当盒，盛菜的部分只需留出一点即可。同样，米饭的一侧还是用饭铲压出缓缓的斜面。

盛菜之前还是先在米饭上铺一层绿紫苏叶，这样可以防止菜汁浸入米饭，还可以防止鱼腥味等沾染到米饭上。

盖饭盛法

1 将米饭装进便当盒，并压出斜面（ⓐ）。

2 装菜之前，先在便当盒里铺一张纸托。

3 将绿紫苏叶铺到米饭上。

4 将煎猪肉斜立着靠在紫苏叶上（ⓑ）。

5 依次装入培根卷杏鲍菇、姜泥酱油拌扁豆角和煮鸡蛋。

6 缝隙里放小番茄，边角处放紫苏腌黄瓜。

装盘就是一切！

给米饭加些点缀

白米饭本身也很好吃，但如果便当里白色的部分过大，看起来就略显无趣。所以我做便当时，经常会在白米饭上点缀一些芝麻盐、佃煮海带或拌饭料。这样不仅可以使味道更加丰富，外观上也会有很大提升。这些小佐料可以称得上是便当必备品了。

芝麻盐

这款芝麻盐是炒熟的黑芝麻和盐按照特定的比例调配出来的。它非常能给白饭提味，也是我使用频率最高的一种佐料。芝麻盐不挑菜，和什么口味的菜都能很好地融合到一起，撒上后整个便当也会变得更漂亮。

佃煮海带

佃煮海带是我们家的冰箱常备菜。因为比较入味，所以这款小菜十分下饭。不过佃煮海带做法比较繁杂，大家可以直接去超市买来用，有多种口味可供挑选。

拌饭料

当某天便当里的菜看起来颜色比较素时，就可以用拌饭料来提色了。只需在米饭上撒上一层拌饭料，原本朴素的菜色立刻摇身一变成为豪华便当。市售的拌饭料颜色丰富，红、橙、黄、绿、紫，大家可以根据当天的需要来选择用哪一种。

鱼花海带

木鱼花也是一种和米饭很搭的食材。当某一天的便当做的菜比较简单时，撒上一层木鱼花口味的佃煮海带，也可以帮助更好地下饭。

PART 2

经典菜肴看这里!

一种食材做出 N 款便当

有些时候大家可能因为比较累、不想
思考太多，又或者实在是想不到做什
么菜……这种情况下，只要做一些经
典款菜肴就绝对不会出错。现在就向
大家介绍，如何运用常用食材做出花
样便当。

MEAT ▸| 肉 |

薄肉片

薄肉片比较好熟，容易入味，是做便当的常备食材。这里给大家介绍几种我经常做的肉片食谱。如果当天家里的肉比较少，也可以和其他蔬菜混合起来做，这样就可以完美增大菜量。

RECIPE

06

甜辣风味炒肉片

[材料] 1 人份

五花肉薄片……70g

大葱……10cm

Ⓐ 酱油……2 小勺

味醂……1 小勺

白砂糖……1 小勺

色拉油……少许

辣椒粉……少许

1 将五花肉片切成 5cm 长的小段。大葱斜着切成均匀的葱段。

2 锅中热油，将切好的肉片倒入锅中稍作翻炒，接着倒入Ⓐ中的调料。

3 在锅中的汤汁即将收干之前，放入大葱，炒至入味。再撒上辣椒粉翻炒均匀后即可起锅。

★这是一道用大葱做的蔬菜炒肉片。加入了酱油、味醂、白砂糖的甜辣口味十分下饭。最后在米饭上点缀一些佃煮海带和鳕鱼子，美味的便当就完成了！

蚝油炒肉片

[材料]1人份

猪肉薄片……60g
洋葱……少许
蚝油……1小勺
酱油……少许
色拉油……少许

1 将洋葱切细丝。

2 平底锅先用色拉油浸润，然后把肉片
   均匀地铺在锅底。用中火将肉片煎熟，
   然后放入洋葱翻炒均匀。

3 最后调入蚝油和酱油，翻炒均匀即可。

★这是一道用猪肉片和洋葱做的炒菜。蚝油的使用可
以让菜的口味更加醇厚。副菜有魔芋黄瓜沙拉、多彩
炒牛蒡。

蛋黄酱炒肉片

[材料]1人份

猪肉薄片……70g
洋葱……1/8个
蛋黄酱……2小勺
黑胡椒粉……少许
酱油……少许

1 将洋葱切细丝。

2 锅中先加1小勺蛋黄酱，接着将肉片
   倒入锅中，用中火炒。等肉熟透以后
   放入洋葱丝继续翻炒。

3 洋葱炒熟后，加入黑胡椒粉、1小勺
   蛋黄酱、酱油再稍稍翻炒几下，撒少
   许彩椒干粉（如果家里有这种调料）
   后即可起锅。

★这道菜里用蛋黄酱代替了其他油脂，做出的菜更加
浓香可口！这次的副菜比较简单，只有清炒菠菜和炒
鸡蛋。

韩式烤肉风味炒肉片

[材料]1 人份

猪肉片……60g

红色彩椒……1/8 个

杏鲍菇……1/2 棵

盐、胡椒粉……各少许

A ┌ 韩国甜辣酱……1 小勺
├ 蚝油……1 小勺
├ 芝麻油……1 小勺
└ 酱油……少许

色拉油……少许

1 将猪肉切成 1cm 宽的肉条。彩椒和杏鲍菇同样也切成 1cm 宽的条。

2 锅中热油，将 **1** 中切好的食材放入锅中，用中火翻炒。

3 加入 A 的调料，继续炒至食材入味。

★猪肉、彩椒、杏鲍菇切细条，炒成火热下饭的香辣口味。肉厚柔软的杏鲍菇很显菜量。副菜有煮菠菜和蛋黄酱拌鸡丝。

红烧肉片

[材料]1 人份

牛肉薄片……70g

白砂糖……2 小勺

酱油……2 小勺

色拉油……少许

1 牛肉切细条。

2 锅中热油，用中火炒 **1** 中切好的牛肉。

3 待肉炒熟后，加入白砂糖和酱油，大火炒至牛肉上色。

★用白砂糖和酱油炒制的这种红烧风味，也是我们家的经典做法。盛红烧肉之前先在米饭上厚厚铺一层卷心菜丝，煎鸡蛋加了胡萝卜泥。

芝麻沙拉酱炒肉

[材料] 1 人份

猪肉薄片……60g
鲜香菇……1 朵
青椒……1/4 个
芝麻沙拉酱……2 小勺
酱油……少许
色拉油……少许

1 猪肉切成适口大小。鲜香菇去根，切成 5mm 宽的薄片。青椒切成 5mm 宽的薄片。

2 锅中热油，将 **1** 中切好的食材下锅翻炒。

3 猪肉炒熟后，加入芝麻沙拉酱炒至肉片入味。起锅前淋入少许酱油。

★ 其实芝麻沙拉酱不仅可以做沙拉，用来做炒菜也很好吃。最后加入酱油可以让菜的整体风味更加凝聚。副菜是韩式拌卷心菜（P63）和烤三文鱼（P19）。

黄油炒肉

[材料] 1 人份

牛肉薄片……60g
煮芦笋（P68）……1 根
盐、胡椒粉……各少许
酱油……1 小勺
黄油……1 小勺

1 牛肉切成适口大小。芦笋斜着切成 4 ～ 5 等份。

2 将黄油在锅中化开，用中火炒 **1** 中切好的食材。

3 肉炒熟后淋入少许酱油。

★ 黄油和酱油的搭配让菜更具醇香。应季的芦笋鲜嫩柔软，特意切得比较大。副菜是炒鸡蛋和炒西蓝花。

RECIPE
1 1

RECIPE
1 2

鸡肉

鸡肉相对便宜，也容易做出量，也是我家便当的常用食材。只要冰箱里有鸡肉，我就很安心。鸡肉除了可以用来做炸鸡和鸡排以外，其实还有很多其他好吃的做法。

RECIPE

13

嫩煎腌鸡肉

[材料] 1 人份

鸡腿肉……1/4 块
意式沙拉酱……2 大勺
荷兰豆……3 片

1 鸡肉切成适口大小。将切好的鸡肉放入保鲜袋，加入意式沙拉酱揉搓均匀，然后将鸡肉块连同袋子一起放进冰箱腌渍一晚。

2 将 1 中腌好的鸡肉均匀地码放在平底锅中，盖上盖子后用小火焖煎食材。

3 中间需将鸡肉翻面一次，然后加入荷兰豆再焖一会儿。关火、起锅。

★ 只需要前一天晚上提前将鸡肉用现成的调味料腌好，就可以简单做出一道入味、柔软、多汁的煎鸡肉。副菜是蜜饯胡萝卜、煎荷兰豆和黄瓜鸡蛋沙拉。

黑椒鸡肉

[材料]1人份

鸡腿肉……半块

低筋面粉……1 大勺

盐、黑胡椒粉……各少许

色拉油……适量

1 鸡肉用擀面杖敲打至扁平，然后撒上盐。

2 低筋面粉中加黑胡椒粉拌匀，薄薄一层裹在 **1** 中腌好的鸡肉上。

3 锅中加入约 1cm 深的色拉油，将 **2** 中的鸡肉下锅炸熟。

★加入黑胡椒粉可以让鸡肉吃起来更有冲击性。低筋面粉和黑胡椒粉做的面衣也会在炸制时锁住肉汁。副菜是蘑菇奶油炒西蓝花、黄油炒鸡蛋。

RECIPE
14

海苔鸡肉

[材料]1人份

鸡腿肉或鸡胸肉……1/4 块

酱油……2 小勺

芝麻油……1 小勺

烤海苔……适量

色拉油……适量

1 将鸡肉放入保鲜袋，加入酱油和芝麻油揉搓均匀，然后将鸡肉连同袋子一起放进冰箱腌渍一晚。

2 将 **1** 中腌好的鸡肉从袋中取出，用厨房纸吸干多余的汁水，然后切成适口大小。将海苔切成合适大小，裹住鸡肉。

3 锅中加入约 1cm 深的色拉油，将 **2** 中的鸡肉下锅炸熟。

★这道菜就是把用酱油腌渍过的鸡肉裹上海苔，然后用油炸。可以一次多做些放冰箱冷冻，这样每次吃就会很方便，有时还能用来当下酒菜。副菜是蛋黄酱拌青椒蟹味菇和煮鸡蛋（P68）。

RECIPE
15

鸡肉蔬菜卷

[材料]适量

鸡腿肉……1 块
茼蒿或油菜花……4 棵
红色彩椒……1/4 个
盐、胡椒粉……各少许

1 将茼蒿从中间切成两段，彩椒切细条。

2 将盐和胡椒粉均匀涂抹在鸡肉上。菜板上铺一层保鲜膜，鸡皮朝上将鸡肉平铺在保鲜膜上，然后鸡皮上再盖一层保鲜膜。

3 用擀面杖敲打、压擀鸡肉，直到肉块整体厚度均匀。将压平的肉块翻面，揭掉上面的保鲜膜，然后将 **1** 中切好的食材均匀摆放在鸡肉上（如图所示），并用最下层的保鲜膜将鸡肉和蔬菜卷紧实。

4 将 **3** 中卷好的鸡肉卷放进微波炉（600W）加热 4 分钟后，取出冷却。待肉卷放凉以后，去掉保鲜膜，用平底锅将肉卷外侧的鸡皮煎至焦香。将煎好的肉卷切成约 1.5cm 宽的小段，最后根据个人爱好淋上酱油、番茄酱等即可完成。

★当鸡肉变得很有弹性时，就说明里面已经熟透了。

POINT

如图，把蔬菜摆放在靠近自己的一侧，这样在用保鲜膜卷肉的时候可以更好地用力，使肉卷更加紧实。

★做这道菜的主要步骤就是先把鸡肉敲打、压擀平整，然后把冰箱里现有的蔬菜卷进去。像这样做出来的肉卷，不仅显菜量，配色也很鲜艳漂亮，让便当看起来十分丰盛、惹人食欲。副菜做的是奶油炒芦笋蘑菇。

RECIPE

16

五香炸鸡

[材料] 1 人份

鸡腿肉……1/4 块　　低筋面粉……3 大勺
酱油……1 小勺　　米粉……2 小勺
食用油……适量　　水……2 大勺
　　　　　　　　Ⓐ 黑胡椒粉……半小勺
　　　　　　　　大蒜粉……少许
　　　　　　　　辣椒粉……少许
　　　　　　　　盐……少许

1　鸡肉先用酱油腌渍入味。将Ⓐ中的材料倒入盆中并搅拌均匀。把鸡肉放进盆中，使肉块均匀地挂满面糊，然后放进170℃的热油中炸制。

2　等外表炸至金黄、肉已熟透后，捞出鸡块，散去余热并切成适口大小。

★制作面糊时，除了小麦粉还可以加一些大米粉，这样炸出来的食物第二天都还很脆。副菜是炒牛蒡丝。牛蒡丝用热水焯过后，和胡萝卜一起先用酱油和味醂腌一下再下锅炒。

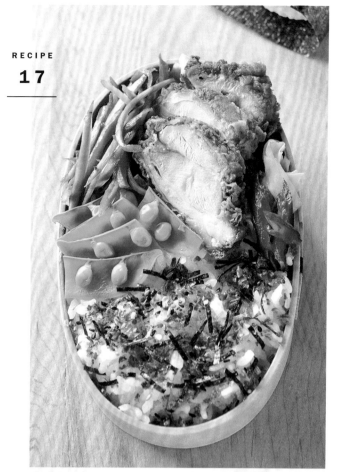

黑芝麻龙田炸鸡 *

[材料] 1 人份

鸡胸肉……2 条
Ⓐ 酱油……2 小勺
　 芝麻油……1 小勺
淀粉……2 大勺
炒黑芝麻……2 小勺
食用油……适量

1　将鸡肉放进保鲜袋，加入酱油和芝麻油揉搓均匀，然后将鸡肉连同袋子一起放进冰箱腌渍一晚。

2　取出鸡肉并切成适口大小。淀粉和黑芝麻搅拌在一起，鸡块裹满淀粉后放进170℃的热油中炸至焦脆。

★鸡胸肉提前用酱油和芝麻油腌渍入味，裹上黑芝麻和淀粉炸透、炸脆，这样做出的鸡块焦香可口，非常下饭。副菜是炒青椒、黄油炒鸡蛋和鳕鱼子。

*龙田炸鸡：是指将鸡肉用盐、酱油、料酒等调味后，裹上淀粉油炸的一种做法。同样还可以炸鱼类等其他食材。

肉馅

我在超市挑选肉馅时，如果当时没有确定好要做某一种菜，那么我一般会选择猪肉和牛肉的混合肉馅。比如肉丸子等用肉馅做的菜，我会在前一天做晚饭时多做一些，以便第二天做便当用。根据用料和调味的不同，肉丸子也可以做出多种花样。

★肉丸子也是家人非常爱吃的便当菜。为了方便入口，我特意把丸子做得比较小，还可以在上面浇些卤汁。其他配菜有蟹味菇炒四季豆，培根火腿黄瓜沙拉等。

基础做法

肉丸子

[材料] 适量

混合肉馅……200g

洋葱丁……4 大勺

鸡蛋……1 个

淀粉……2 大勺

盐、胡椒粉……各少许

蚝油……1 小勺

酱油……少许

色拉油……少许

食用油……适量

1 将肉馅、洋葱、鸡蛋、淀粉、盐和胡椒粉倒入盆中搅拌均匀，然后分成 12 等份并团成小丸子。

2 将 **1** 中做好的丸子放入 160℃的热油中炸熟。

3 锅中另热色拉油，将 4～5 个 **2** 中做好的肉丸放入锅中，加蚝油、酱油用中火炒至上色。

★ 在炒肉丸时，可以根据个人口味加入蘑菇等其他蔬菜一起炒。剩余的丸子放进冰箱，冷冻可保存 1 个月左右。

VARIATION

---

01   02   03

加豆腐

在肉馅中揉入豆腐，这样炸出来的肉丸吃起来很清爽不油腻。丸子做好后用蚝油、绍兴酒、酱油、番茄酱、白砂糖、胡椒粉、醋、生姜、芝麻油调制一个卤汁浇在上面。副菜是煮芦笋（P68）和炒鸡蛋。

黑醋浇汁

这次做的丸子个头偏大，卤汁是用黑醋做的。因为时值盛夏，所以我另外加了些当季的甜尖椒来提味，这种辣椒也很爽口，也没有辣味。副菜是煎蛋卷（P67）。

用沾面汁炖

今天的丸子用的是之前存在冰箱里的，需要提前一晚从冷冻室里拿出来自然解冻。茄子用微波炉加热，和肉丸子一起用沾面汁简单炖煮一下即可。副菜是辣拌胡萝卜丝和通心粉沙拉。

★小巧可爱的椭圆形鸡肉丸。
浇上一层甜辣味的酱汁，然
后包上海苔，看起来非常不
错吧。副菜是韭菜炒鸡蛋和
煎小香肠。

基础做法

鸡肉丸

[材料] 适量

- 鸡肉馅……200g
- 鸡蛋……1 个
- Ⓐ 大葱丁……2 大勺
- 淀粉……1½ 大勺
- 盐、胡椒粉……各少许
- 酱油……1 小勺
- Ⓑ 味醂……1 小勺
- 白砂糖……1½ 小勺
- 烤海苔……适量
- 色拉油……少许

★ B 中材料的量可以做两个鸡肉丸。

1 将Ⓐ中的材料倒入盆中搅拌均匀，然后捏成数个椭圆形的小饼。

2 锅中热油，将 **1** 中做好的鸡肉饼码放在锅里，盖上锅盖中火煎 2 分钟，翻面后再煎两分钟。等肉饼完全熟透后即可关火。

3 留两个在锅里来做当天的便当，加入Ⓑ继续炒至入味。炒出糖色后起锅、放凉，然后将海苔切成合适的大小包在肉丸外侧。

★ 剩余的鸡肉丸放进冰箱，冷冻可保存 1 个月左右。

VARIATION

01

加豆腐

这是一道加了豆腐的鸡肉丸。加豆腐后丸子会变得比较松软，用微波炉很容易熟透。热好后的丸子外面裹一层绿紫苏叶，然后放入平底锅中，用烤鳗鱼的酱汁炒至上色。副菜是彩椒炒豆芽、佃煮蛤蜊肉，是一款很日式的便当。

02

加豆芽

在鸡肉馅中加入了丰富的豆芽，煎熟后用甜辣口味的料汁调味、贴一片海苔即可完成。豆芽可直接拌入肉馅，不用提前炒熟，这样可以保留豆芽清脆的口感。副菜是清煎藕片胡萝卜、蛋包玉米粒卷心菜。

03

充分利用饺子馅

如果家里有没用完的饺子馅，我一般会把它做成第二天的便当菜。捏成椭圆形的肉饼煎熟、再浇上一层甜辣口味的料汁，绝对不会有人会认为这是用饺子馅做的。副菜是鸡蛋沙拉（P64）、盐渍胡萝卜丝和炒卷心菜。

便利调味料

万能的柚子醋酱油

RECIPE

21

柚子醋酱油炒肉

[材料] 1 人份

涮肉用猪肉薄片……60g
洋葱……1/6 个
红色彩椒……1/4 个
柚子醋酱油……2 小勺
色拉油……少许

1 洋葱切成宽约1cm 的条，彩椒切丝。

2 锅中热油，将肉片平整地码放在锅里，用小火慢煎。

3 待肉片内侧煎至焦香后，放入洋葱和彩椒丝，淋入柚子醋酱油继续翻炒，等汤汁收干后即可起锅。

★涮肉用的猪肉薄片很容易熟，也很好入味，非常适合用来做快手菜。炒的时候多放一些洋葱和彩椒等蔬菜，吃起来更加爽口。这天的菜还有炸鸡块（P66）、煎蛋卷（P67）、蛋黄酱拌鱼糕和煮芦笋（P68）。

在调味料中，柚子醋酱油可以说是用起来最方便的一种了。

我在做便当的时候经常会用到。

不管是做主菜还是做副菜，柚子醋酱油都是一个提味增鲜的好帮手。

柚子醋照烧鸡肉

[材料] 1 人份

鸡腿肉⋯⋯1/4 块
胡椒粉⋯⋯少许
酒⋯⋯1 小勺
柚子醋酱油⋯⋯1 大勺
色拉油⋯⋯少许

1　将鸡肉肉质较厚的地方用刀划开，撒入胡椒粉。

2　锅中热油，把鸡皮朝下放入锅中，盖上锅盖用中火焖煎。2 分钟后将鸡肉翻面，改小火继续煎。

3　待确认鸡肉熟透后，加入酒、柚子醋酱油翻炒均匀。起锅后将鸡肉块切成适口大小。

★这样做的照烧鸡肉，带着微酸的口感，既醇香又爽口。在煎好的鸡肉里加入足量的柚子醋酱油，并煮至入味，也是非常下饭的一道菜。等待鸡肉煎好的间隙，顺便做了青椒炒豆芽做副菜。

柚子醋拌青菜

[材料] 适量

菠菜⋯⋯20g
咸梅干⋯⋯少许
木鱼花⋯⋯少许
柚子醋酱油⋯⋯1 小勺

1　将菠菜洗净用保鲜膜包起来，放入微波炉（600W）中加热 1 分钟。加热完成后，把菠菜过清水冲洗并沥干水分，切成 3cm 长的小段。

2　咸梅干去核，用刀将梅肉切碎后与木鱼花、柚子醋酱油混合，备用。

3　将 1 和 2 中的材料放入盆中，搅拌均匀。

★今天的菜有炸烧麦（P77）、烤三文鱼（P19）和煎蛋卷（P67），很适合搭配一道有酸味的爽口小菜，所以，这道用梅干和柚子醋酱油做的拌菜真是得来恰到好处。

变化食材，享受不同的美味

12 款花样柚子醋拌菜便当

01

柚子醋炒苦瓜

这天本来是打算用苦瓜当主菜的，食材也都准备齐全了，但后来主菜改成了蛋包炸虾，于是就把苦瓜和午餐肉用柚子醋酱油炒了一下，做成了副菜。

02

柚子醋拌四季豆金针菇

将四季豆和金针菇切成适口大小，并用微波炉加热。热熟后趁热浇上柚子醋酱油，这样在放凉的时候食材才可以充分入味。今天的米饭做的是栗子饭，主菜是照烧鸡肉。

03

柚子醋酱油拌四季豆

今天的菜有炸鸡块（P66）、蚝油炒茄子芦笋。另外还想做一个爽口小菜，于是就把煮四季豆（P68）用柚子醋酱油拌了一下，简单又好吃。

07

柚子醋拌油豆腐培根

锅中不放油，将油豆腐和培根直接放入锅中煸炒，炒至焦脆后放入柚子醋酱油并翻炒均匀。另外还有两个菜分别是炸藕盒和蛋黄酱拌鱼糕。

08

柚子醋酱油拌萝卜黄瓜

萝卜切短条、黄瓜切薄片后先用盐腌渍片刻，接着淋入柚子醋酱油，便可做好一道清爽可口的小菜。今天的主菜是汉堡肉（P67），另一道副菜是蚝油拌茄子青椒。

09

柚子醋酱油拌金针菇

金针菇用微波炉加热（加热后金针菇会缩水，可根据情况多放一些），加入柚子醋酱油搅拌均匀。罐头秋刀鱼、苦瓜和红椒加鸡蛋煎熟，再炒两个小香肠放进去，一款美味便当就完成了。

当想要做一些爽口的小菜时，我一般会选择用柚子醋酱油来调味。

炒过或煮过的蔬菜，只要加入一点柚子醋酱油，

立刻就变身成一道好菜。

04

柚子醋酱油拌芦笋火腿蘑菇

芦笋、火腿、蟹味菇用微波炉加热，然后加上柚子醋酱油拌匀即可。主菜是照烧鸡肉。

05

柚子醋酱油拌秋葵

应季的秋葵清甜可口，只需用平底锅煎熟（不放油），淋上少许柚子醋酱油即可。今天的菜还有生姜煮鸡肉和煎蛋卷（P67）。

06

柚子醋酱油拌苦瓜阳荷

夏天的时候，自家菜园里种的苦瓜真是派上大用场了。苦瓜和阳荷切薄片后用盐腌渍片刻，然后加入柚子醋酱油拌匀。主菜是蛋煎三文鱼配豆芽。

10

柚子醋酱油拌秋葵

这天先是做了番茄酱风味的肉丸和烤三文鱼（P19），所以副菜做得清爽一点比较好。秋葵用微波炉加热，然后加柚子醋酱油拌一下即可。

11

柚子醋芥末籽酱拌西蓝花

煮西蓝花（P68）加柚子醋和芥末籽酱做成西式小拌菜。主菜是蛋包炸猪排，另一道副菜是酱油炒蟹味菇。

12

柚子醋酱油拌茄子

茄子切滚刀块，用微波炉加热后加入柚子醋酱油拌成小菜，还可以再搭配一些阳荷，味道会更好。副菜还有煮黄豆和炒小松菜。主菜是烤鸡肉，鸡肉提前用酱油腌渍入味，烤熟后切成适口大小即可。

培根

我们家的冰箱里一定常备有培根。即便是和蔬菜一起简单炒一下，就能做出一道还不错的小菜，所以家里没什么食材的时候，只要还有培根，就总能应对过去。带便当用的时候，我一般会做成培根卷，可做主菜，也可做副菜。变换一下所卷的食材，还可体验多种美味。

★杏鲍菇切成合适的大小，用培根卷起来后放进微波炉加热。培根独特的风味和肥厚的杏鲍菇相辅相成，口感绝佳！菠菜连同红色的根一起用黄油清炒一下，和豆芽、红椒做的韩式拌菜组成两道副菜。

基础做法
培根卷

[材料] 1人份
培根……2片
杏鲍菇……1根

1 杏鲍菇竖着切成4等份。培根从中间横切开。

2 杏鲍菇用培根卷起来并用牙签固定，用同样的方法做出4个。

3 将**2**中做好的培根卷放入耐热盘中，盖一层保鲜膜，放进微波炉（600W）中加热1分钟。

4 余热散尽之前保持静置，以便杏鲍菇入味。

VARIATION

01   02   03

卷彩椒

将彩椒切细条，然后用培根卷起来并用牙签固定，微波炉加热2分钟。卷彩椒做出来的培根卷颜色非常漂亮。油豆腐、豆芽和猪肉用烤肉酱和味醂调味做成炒菜。副菜是鸡蛋煎菠菜。

卷油菜花

把冰箱里剩的油菜花用培根一卷，立刻就能得到一道美味小菜。吸收了培根香味的油菜花，味道更加别具一格。青红椒用芝麻油炒一下，和鸡蛋炒小香肠做副菜。

卷小香肠

香肠比较细小，如果只用它来做主菜的话会显得有些单薄。这时候只要用培根卷一下，立刻就会变得很有分量！是一道很特别的小菜。搭配一些番茄肉酱（P80）更加能帮助下饭。副菜是胡萝卜炒荷兰豆和鳕鱼子。

EGG ►| 蛋 |

鸡蛋

鸡蛋也是便当中不可或缺的食材，所以冰箱里一定常备。除了经常用来做煎蛋卷（P67）、煮鸡蛋（P68）和炒鸡蛋以外，当想要便当里的菜能更加出量时，我会做西式煎蛋。整整一块直接盖在米饭上，切成块也可以，变换一下装盘方式，就能收获多种花样便当。

★这道煎蛋看起来十分简单，实际里面加入了芝士，单吃起来也非常美味。直接放在便当盒正中央，满满的分量感。副菜是番茄酱炒青椒&培根&杏鲍菇、煮地瓜和羊栖菜。

基础做法

西式煎蛋

[材料] 1 人份

鸡蛋……1 个
芝士碎……10g
牛奶……1 小勺
盐、胡椒粉……各少许
橄榄油……少许

1 鸡蛋打入碗中，用打蛋器充分打散。

2 在打好的蛋液中加入牛奶、盐、胡椒粉、芝士碎，搅拌均匀。

3 小平底锅中热橄榄油，将 **2** 中调好的蛋液倒入锅中，并用筷子快速搅拌。当蛋饼半熟时，将蛋饼从两侧向中间折叠，并整理出一个小的椭圆形。

4 将蛋饼翻面，改成小火继续煎，等蛋饼熟透后即可关火。关火后将蛋饼留在锅中，用锅底的余热继续加热蛋饼，直至放凉。

VARIATION

01　　　　　02　　　　　03

花型煎蛋

这是一道加入了肉馅的煎蛋。将煎好的蛋切成小块，然后用火腿片包起来，另外再搭配一些煮四季豆（P68）。原本是打算将火腿和四季豆一起炒了的，没想到这样用来包煎蛋看起来更可爱，就像一朵朵花一样。

多料煎蛋

这款煎蛋里面放的配料比较多，有香肠、青椒和用黄油慢炒过的洋葱。蛋饼糅合了多种食材的风味，口味丰富，所以无须另加番茄酱来调味。菠菜用微波炉加热一下做成凉拌菜，和自制罗勒酱炒蘑菇组成两道副菜。

和风煎蛋

今天做的是加入了火腿和鸭儿芹，并用沾面汁调味的和风煎蛋，切开后看起来很像煎蛋卷。卷心菜用芝麻油和盐做成韩式小拌菜（P63），最后加入冷冻奶汁焗菜即可完成。

茄子

我的家人都很喜欢吃茄子！茄子不管是和味噌、柚子醋酱油还是番茄酱都很搭，所以吃法也是多种多样。茄子既能做主菜，也能做副菜，真的是非常便利的一种蔬菜。

RECIPE
26

基础做法
味噌炒茄子

[材料] 1 人份

茄子……半根	味噌……1 小勺
洋葱……1/8 个 Ⓐ	白砂糖……1 小勺半
培根……半片	味醂……1 小勺
色拉油……少许	

1 茄子和洋葱切滚刀块，培根切成 2cm 长的小段。

2 锅中热油，将 **1** 中切好的食材倒入锅中，用中火翻炒。待食材全部炒熟后，加入Ⓐ中的调味汁炒至入味，汤汁全部收干、食材上色后即可。

VARIATION

★当冰箱里有茄子、洋葱和培根时，我肯定毫不犹豫地选用味噌来炒！或者换用其他食材做也可以，只要用味噌炒一下，立刻变身成下饭好菜。这天还做了煎蛋卷（P68），最后点缀一些煮西蓝花（P67）即可。

香辣味噌炒茄子

味噌炒茄子做成辣口的也非常好吃。将茄子、洋葱、青椒、猪肉炒熟，然后根据个人口味加入干辣椒圈，用味醂、味噌、砂糖、酱油调味即可。副菜是芝麻拌菠菜和土豆沙拉（P64）。

★用番茄酱炒的菜家人也都很喜欢。炒茄子时，顺便加一些肉、香肠或者培根，味道绝佳。今天的菜还有蛋煎午餐肉火腿和地瓜泥沙拉。

★如果冰箱里有提前做好的辣味炒肉酱，那么只要把肉酱和已热熟的茄子混合在一起，就能简单做出麻婆茄子。再搭配炒鸡蛋和鳕鱼子，一道美味便当瞬间做好！

RECIPE
27

RECIPE
28

番茄酱烧茄子

[材料] 1 人份

茄子……1/3 个
青椒……1/2 个
番茄酱……1 小勺
酱油……少许
盐、胡椒粉……各少许
色拉油……少许

1 茄子、青椒切滚刀块。

2 锅中热油，将 **1** 倒入锅中用中火炒，并用盐和胡椒粉简单调味。

3 菜炒熟后，暂时关火，加入番茄酱和酱油搅拌均匀后，再次用中火快炒片刻即可。

★番茄酱在炒的时候容易逆溅，所以中间要先将火关掉再将其加入。

麻婆茄子

[材料] 1 人份

茄子……1/2 个
青椒……1/2 个

辣味炒肉酱用
| 混合肉馅……200g
| 蒜末……少许
| 姜末……少许
| 葱末……少许
| 芝麻油……少许

辣味炒肉酱用 Ⓐ
| 味噌……1 大勺
| 豆瓣酱……1 小勺
| 蚝油……1 大勺
| 甜面酱……2 小勺
| 淀粉……1/2 小勺
| 水……3 大勺

★这些食材可以做出刚好适量的肉酱。

1 锅中热芝麻油，用中火将蒜末和姜末稍微炒几下。

2 加入肉馅并将其充分炒熟炒透，接着加入Ⓐ中的调料继续翻炒至肉馅入味。淀粉加水做成芡汁，然后倒入锅中并迅速搅拌，煮至黏稠后即可关火，最后加入葱末搅拌均匀。

3 茄子和青椒切成适口大小，炸熟或用微波炉（600W）加热 1 分钟，加入适量 **2** 中做好的肉酱，搅拌均匀即可。

★辣味炒肉酱可在冰箱冷藏保存 4 天左右。

南瓜

颜色金黄的南瓜，总是便当里一道亮丽的风景。南瓜不仅可以直接炖煮了吃，还可以用来做沙拉。我经常会提前把南瓜切成适口大小，并用微波炉热熟，然后放入冰箱冷藏保存。这样早晨用的时候，可以马上拿来捣碎后调味做成沙拉，非常方便。

★将南瓜用叉子捣碎，加入蛋黄酱搅拌均匀，如果想让口感更丰富，还可以加一些四季豆。主菜是番茄酱炒猪肉，另外还用青红椒做了一个拌菜。

基础做法

南瓜沙拉

[材料]1人份

南瓜……1/4 个（做沙拉时，需
　要用到 20g 加热过的南瓜）
煮四季豆（P68）……1/2 根
蛋黄酱……1 小勺
盐、胡椒粉……各少许

1 南瓜带皮切成 2cm 见方的块。将南瓜块放入碗中，加入
2 大勺水，然后放入微波炉（600W）中加热 4 分钟。加
热完成后滤去多余的水分（注意不要烫伤），放凉。

2 取 20g **1** 中做好的南瓜放入碗中，用叉子捣成南瓜泥。
四季豆横着切小圈，和蛋黄酱、盐、胡椒粉一起放入南
瓜泥中搅拌均匀即可。

★ 用微波炉加热过的南瓜，可在冰箱中冷藏保存 5 天左右。

VARIATION

01　　　　　　　　02　　　　　　　　03

加金枪鱼罐头

南瓜带皮切成小块，用微波炉加热。
用工具捣碎后，加入盐、胡椒粉搅
拌均匀。待余温散去后，加入金枪
鱼罐头和蛋黄酱充分搅拌，一道分
量满满的南瓜沙拉就做好了。另外
两个菜分别是小银鱼炒鸡蛋和煎小
香肠。

加小香肠

这天冰箱里还有一些之前做的煮南
瓜，当然直接拿来做小菜也可以，
不过我还是把它重新料理了一下。
将南瓜捣碎，加入盐、胡椒粉和炒
香肠，搅拌均匀，即完成一道美味
又出量的南瓜香肠沙拉。和煎蛋卷
（P67）、辣味拌猪肉片一起组成
了今天的便当。

加入地瓜

地瓜和南瓜一样是秋天的应季蔬
菜，甘甜味美。将地瓜和南瓜加热
后捣成泥，搅拌均匀，做成了一道
甜点风味的沙拉。油豆腐搭配小松
菜炒成甜辣口味，另外还加了两
块煎蛋卷（P67）和一块烤三文鱼
（P19）。

卷心菜

既能出量、颜色又漂亮的卷心菜一直都是我的好帮手！卷心菜一般会拿来切细丝做成沙拉，或者搭配其他食材做成炒菜，但我家的便当，最常做的就是把卷心菜做成韩式拌菜，简单又好吃！只是用微波炉加热后拌一下就可以。大家还可以试着换其他蔬菜做韩式拌菜，真的屡试不爽。

★加入足量的韩式拌卷心菜，便当瞬间分量满满！荤菜是生姜酱油风味的炸鸡胸肉，还搭配了些味噌炒茄子青椒。

基础做法

韩式拌卷心菜

[材料]1人份

卷心菜……1 片

盐、胡椒粉……各少许

芝麻油……1 小勺

1 卷心菜切成适口大小。

2 将 **1** 中切好的卷心菜放入耐热容器，上面覆盖一层保鲜膜，然后放入微波炉（600W）中加热 1 分钟。

3 沥干多余的水分，加入盐、胡椒粉、芝麻油拌匀即可。

VARIATION

01   02   03

拌豆芽

这天冰箱里没有什么可用的食材，只有盐渍三文鱼、豆芽和鸡蛋了，真是伤脑筋。最后，把三文鱼烤了一下，鸡蛋做了煎蛋卷（P67），豆芽用微波炉加热后控干水分，加入盐和芝麻油做成韩式拌菜，总算是把便当完成了。

拌青椒

盐渍三文鱼烤熟、放凉，用绿紫苏包起来放在米饭上，炸烧麦用蛋黄酱和辣椒油拌一下，再来一些炸紫薯条。但这样总感觉颜色不够丰富，于是又将青红椒切丝，和豆芽一起作为韩式拌菜的点缀。

拌大葱

大葱加热后会变得十分清甜，加入红色的彩椒丝，做成了韩式拌菜。这天的主菜是姜汁猪肉，满满一层盖在米饭上，再放两块煎蛋卷，一道便当就做好了。

经典小菜一箩筐

RECIPE

31

四季豆拌木鱼花

[材料] 1 人份

四季豆……6 根　　木鱼花……1 大勺
砂糖……少许　　酱油……半小勺

1 将四季豆洗净后放入耐热容器中，容器上轻轻盖上一层保鲜膜，然后放入微波炉（600W）中加热 1 分钟（四季豆变成鲜艳的翠绿色）。沥干多余水分，切成适口大小备用。

2 将木鱼花、砂糖、酱油倒入碗中搅拌均匀，再加入 **1** 中切好的四季豆拌匀即可。

RECIPE

32

土豆沙拉

[材料] 1 人份

土豆……1/2 个　　黄瓜薄片……少许
洋葱薄片……少许　　蛋黄酱……2 小勺
盐、胡椒粉……各少许

1 将土豆去皮后切成 1cm 见方的小块，放入耐热容器中，加 1 大勺水，在微波炉（600W）中加热 4 分钟。沥干多余水分，散去余热。

2 黄瓜和洋葱撒少量盐腌渍片刻，挤出多余水分备用。将 **1** 中热好的土豆和黄瓜、洋葱一起倒入碗中，加入蛋黄酱、盐、胡椒粉拌匀即可。

RECIPE

35

小松菜炖油豆腐

[材料] 1 人份

小松菜……1 棵　　油豆腐……1/2 块
沾面汁（已稀释）……50mL

1 小松菜切 4cm 长的段，油豆腐切 2cm 宽的片。

2 将 **1** 中切好的食材放入耐热碗中，加入沾面汁后在微波炉（600W）中加热 3 分钟，静置、散去余热即可。

RECIPE

36

鸡蛋沙拉

[材料] 1 人份

煮鸡蛋（P68）……1 个
蛋黄酱……2 小勺
盐、胡椒粉……各少许

1 将煮鸡蛋放入碗中用叉子捣碎。

2 加入蛋黄酱、盐、胡椒粉搅拌均匀即可。

我家的便当副菜都很简单，不是沙拉就是拌菜。

只要变换一下食材，或者多加几种材料，

就可以轻松做出多种花样小菜。

RECIPE
33

芝士炒
油菜花

[材料]1人份

油菜花……3 根　　盐、胡椒粉……各少许
粉状芝士……1 小勺　橄榄油……少许

1 将油菜花切成适口大小。

2 锅中热橄榄油，将油菜花倒入锅中，
用中火翻炒片刻，加盐、胡椒粉调味。

3 起锅前加入芝士，拌匀即可。

RECIPE
34

芝麻油拌
芦笋鱼糕

[材料]1人份

煮芦笋（P68）……2 根　　鱼糕……1 根
白芝麻碎……1/2 小勺　　砂糖……少许
酱油……少许

1 将芦笋切成约 4cm 长的段，鱼糕斜着
切薄片。

2 将**1**中的食材放入碗中，加入芝麻碎、
砂糖、酱油搅拌均匀即可。

RECIPE
37

胡萝卜沙拉

[材料]1人份

胡萝卜……1/5 根　　盐……少许
蛋黄酱……1 小勺　　砂糖……少许

1 将胡萝卜切细丝，撒适量盐腌渍片刻，
待胡萝卜变软后，用厨房纸挤出多余
水分。

2 将**1**中处理好的胡萝卜倒入碗中，加
蛋黄酱、砂糖搅拌均匀即可。

RECIPE
38

蛋黄酱拌鱼
糕明太子 *

[材料]1人份

鱼糕……1/2 根　　鳕鱼子……1 小勺
蛋黄酱……1 小勺

1 鱼糕切成薄的小圆片，鳕鱼子取出所
需量备用。

2 将切好的鱼糕倒入碗中，加入鳕鱼子
和蛋黄酱拌匀即可。

＊用辣椒加工过的鳕鱼子。

巧做经典下饭菜

RECIPE 39

炸鸡块

[材料]适量

鸡腿肉……3 块

Ⓐ
| 酱油……3 大勺
| 芝麻油……2 大勺
| 蒜泥……1 小勺

Ⓑ
| 鸡蛋……1 个
| 水……150mL
| 淀粉、低筋面粉、面包糠……各 3 大勺

食用油……适量

1 鸡蛋打散、加水，然后将**Ⓑ**中的其他材料放入蛋液，搅拌均匀。

2 鸡肉切成适口大小，放入盆中，加入**Ⓐ**中的材料充分搅拌。待鸡肉入味后，裹上 **1** 中做好的面衣，放进 170℃的热油中炸至金黄即可。

★炸好的鸡块可冷冻保存 1 个月左右。

POINT

● 鸡肉块的大小一定要均匀，预处理要充分，保证鸡肉彻底入味。

● 制作面衣时加入鸡蛋和面包糠，可使炸制的食物放凉后也能保持柔软，更容易挂住调味酱汁。

RECIPE 40

姜汁猪肉

[材料]1 人份

猪碎肉……70g

洋葱……1/8 个

生姜泥……1 小勺

味醂……2 小勺

酱油……2 小勺

色拉油……少许

1 洋葱切成小瓣备用。

2 锅中热油，猪肉入锅摊开，中火煎炒。肉煎熟后放入洋葱继续翻炒。

3 将生姜泥、味醂、酱油依次放入锅中，让食材均匀裹住调料，煮至汤汁收干即可。

POINT

● 为保证猪肉充分入味，在煎炒时一定注意将肉片完全摊开。

● 肉类炒熟了以后再加入蔬菜，可以保证蔬菜的鲜脆，更加好吃。

● 酱油容易糊，从而导致食材着色不均，所以最后加入比较好。

炸鸡块、姜汁猪肉、汉堡肉、煎蛋卷，
可以说是便当中最为经典的主菜。在不断尝试、反复实践的过程中，
我找到了这些菜即便是放凉了以后也依然好吃的烹饪方法。

RECIPE
41

RECIPE
42

汉堡肉

[材料]适量

混合肉馅……500g
洋葱……1/2 个
面包糠……1 杯
（200mL）
牛奶……200mL

鸡蛋……1 个
盐、胡椒粉……各少许
色拉油……1 小勺

1 将牛奶和面包糠混合。

2 洋葱切成末，放入耐热容器中，加入色拉油搅拌均匀。盖上一层保鲜膜，放入微波炉（600W）加热 2 分钟。去掉保鲜膜，散去余热。

3 将肉馅放入碗中，加盐、胡椒粉提前入味，然后加入鸡蛋抓匀。接着加入 **1** 和 **2** 中处理好的食材，继续搅拌均匀，捏成数个椭圆形肉饼备用。

4 另取适量色拉油在平底锅中加热，将 **3** 中做好的肉饼摆放入锅，中火煎烧至底面焦脆，翻面。盖上锅盖，改成小火继续焖煎，待蒸出透明的肉汁，即可关火。

★做好的汉堡肉可冷冻保存 1 个月左右。

POINT

- 汉堡肉放凉后会变硬，所以在调制肉馅时要比平时做得松软一些。
- 在使用冷冻的汉堡肉时，可以先浇一层酱汁，再用微波炉加热。

煎蛋卷

[材料]适量

鸡蛋……2 个
味醂……2 小勺

酱油……少许
色拉油……少许

★酱油可以用等量的沾面汁代替。

1 碗中打入鸡蛋，加味醂和酱油搅拌均匀。简单在平底锅中抹一层色拉油，加热后先倒入少许蛋液，以确认温度（鸡蛋如果能够瞬间嘭开，就说明温度已经达到）。然后倒入全部蛋液。

2 用筷子画大圆、搅拌蛋液（如照片ⓐ所示），以确保蛋饼整体厚度一致。继续用筷子调整，保证蛋饼受热均匀。

POINT

3 当蛋饼煎至八成熟时，改小火，从锅对面一侧约三分之一处往内侧卷蛋饼（如照片ⓑ所示），一共卷三次。

用筷子迅速搅拌蛋液，蛋液中混合的空气越多，做好的蛋卷越有弹性，凉了也很松软。

4 将卷好的蛋卷翻面，关火静置，用余热继续加热鸡蛋，直至蛋卷完全熟透。做好的蛋卷会十分有弹性。

将蛋液全部倒入锅中，分三次卷好。

煮鸡蛋和煮蔬菜

用在便当里的煮鸡蛋一定不要用半熟的，而要用全熟的。

煮蔬菜也很方便，可以直接放进便当，当作餐间小憩，还可以用来做拌菜、炒菜等。

RECIPE 43

煮鸡蛋

[材料] 适量

鸡蛋……3 个

1 将鸡蛋从冰箱中拿出备用。小锅中烧足量的水，煮沸后将鸡蛋用汤勺缓缓放入锅中。

2 用中火煮 10 分钟，捞出后放进凉水中冷却。

★ 煮鸡蛋可在冰箱中冷藏保存 5 天左右。

RECIPE 44

煮四季豆

[材料] 适量

四季豆……10 ～ 15 根
盐……一小撮

1 将四季豆顶端坚硬的部分切除。

2 锅中加入盐和足量的水煮沸，将 1 中处理好的四季豆放入锅中煮 1 分钟。煮好后过冷水，捞出冷却备用。放凉后切成适口长短即可。

★ 煮四季豆可在冰箱中冷藏保存 3 天左右。

RECIPE 45

煮芦笋

[材料] 适量

绿芦笋……5 ～ 6 根
盐……一小撮

1 将芦笋顶端坚硬的部分切除。

2 锅中加入盐和足量的水煮沸，将 1 中处理好的芦笋放入锅中煮 1 分钟。煮好后过冷水，捞出冷却备用。放凉后切成适口长短即可。

★ 煮芦笋可在冰箱中冷藏保存 3 天左右。

RECIPE 46

煮西蓝花

[材料] 适量

西蓝花……1/2 棵
水……1 大勺

1 将西蓝花掰成小朵，放进耐热容器中加入水。

2 容器上盖一层保鲜膜，放入微波炉（600W）加热 2 分钟。沥干多余水分，放凉。

★ 煮西蓝花可在冰箱中冷藏保存 3 天左右。

RECIPE 47

煮胡萝卜

[材料] 适量

胡萝卜……1 根
盐……一小撮

1 将胡萝卜去皮，切滚刀块。

2 锅中先加入盐和足量的水，接着倒入胡萝卜，用中火煮。当胡萝卜煮至可用竹扦轻松刺透时，即可关火。捞出放入滤网中放凉。

★ 煮胡萝卜可在冰箱中冷藏保存 4 天左右。

PART 3

速拼便当！

巧用晚餐余菜和常备菜

当冰箱里有前一天晚饭多做出来的菜
或常备菜时，做便当就比较轻松了，
早晨的时间也会变得充裕起来。只需
要把菜摆放一下便当就做好了，这是
多么惬意的早晨呀。除了把现成的菜
直接拿来用，还可以把这些菜稍加料
理，改造成另一种菜。同时，我还会
以肉、鱼、蔬菜为分类，向大家介绍
一些自己经常做的常备菜。

晚餐余菜的二次利用和改造

如果每天早晨做便当都得重新做菜的话，其实是很辛苦的。
所以我经常会在做晚饭的时候多做一些菜，留作第二天早
晨带便当用。当然第二天用的时候，我会把菜稍微处理一下，
改变调味方式或加些别的东西，尽量不让家人觉得和前一
天晚上吃了一模一样的菜。

双料炸货

这天的便当用到了前一天晚上多做出来的炸肉
饼和炸鱼。炸肉饼对半切开、淋上酱汁，炸鱼
另做简单处理，像这样只要稍加改变，第二天
再吃的时候就不会感到厌烦。因为时间还比较
充裕，再做其他菜时压力也不会太大，于是又
做了些煎蛋卷（P67）和卷心菜丝。

> **如何二次使用**
>
> - 炸肉饼切开后直接放入便当盒，并淋入
>   充足的酱汁。
> - 炸鱼上厚涂一层蛋黄酱，然后放入烤箱
>   烘烤。
>
> **POINT**
>
> 油炸食品从冰箱里取出后可以直接装进便当盒，
> 无须另行加热。

汉堡肉

这天冰箱里有前一天晚饭余下的汉堡肉，取出浇上酱汁、用微波炉加热一下即可。副菜是火腿卷秋葵和微波炉热荷兰豆，今天的菜几乎全是用微波炉做的。最后，在中间加两片煮鸡蛋（P68）做点缀，今天的便当就完成了。

如何二次使用

● 将汉堡肉放入耐热盘中，淋上足量的番茄酱和酱汁，在微波炉（600W）中加热1分半钟。

POINT

用微波炉加热可以使酱汁充分渗透到汉堡肉中，更加好吃。

春卷

这里用到的小春卷是前一天晚上给丈夫做下酒菜时多做出来的。秋葵和蟹肉棒切大滚刀块，拌上蛋黄酱做成沙拉。另一道副菜是卷心菜炒蛋，做的时候要先将卷心菜炒香、炒甜，再加入鸡蛋。

如何二次使用

● 将春卷放入烤箱，烤至表皮焦脆，放凉后即可装进便当盒。

POINT

做好的春卷放得时间长了以后会变得软塌，烤箱的烘烤可以恢复其香脆口感。

71

百变炸鸡

我在做炸鸡块（P66）的时候，经常会多做出一些来冷冻保存在冰箱里。用的时候可以从冰箱取出直接装入便当，但只要稍加料理，普通的炸鸡块可瞬间变成全新菜品！

RECIPE

48

蛋浇炸鸡块

[材料] 1 人份

炸鸡块（P66）……3 块
灰树花……10g
鸡蛋……1 个
沾面汁（已稀释）……50mL

1 将炸鸡切成适口大小，灰树花撕成小片。

2 锅中倒入沾面汁，煮沸后加入 **1** 中准备好的食材再煮片刻。

3 鸡蛋打散，将蛋液分两次倒入锅中，盖上锅盖改小火再煮 1 分钟。待鸡蛋熟透后即可关火。

★这是将冷冻的炸鸡块解冻后，和鲜味十足的灰树花一起浇蛋液，稍加煮炖的一道菜。副菜是木鱼花拌菠菜。

RECIPE

49

蛋黄酱拌炸鸡

[材料] 1 人份

炸鸡块（P66）……3 块
油菜……2 片
蛋黄酱……2 小勺
Ⓐ 芝麻油……少许
盐、胡椒粉……各少许

1 将炸鸡块切成适口大小，油菜切成 4cm 长的段。

2 将切好的油菜用保鲜膜包起来，再放进微波炉（600W）中加热 30 秒。挤去多余水分，散去余热。

3 将蛋黄酱和Ⓐ中的材料倒入碗中，粗略搅拌。加入炸鸡和油菜，搅拌均匀即可。

★这次的主菜是用炸鸡块和微波炉热熟的油菜加蛋黄酱拌出来的，口味丰富浓厚，所以副菜适宜清淡一些。今天的副菜是清拌胡萝卜阳荷和颜色亮眼的炒鸡蛋。

糖醋炸鸡

[材料] 1 人份

炸鸡块（P66）
　……4 块
胡萝卜……1/6 根
藕片（厚度约为 1
　cm）……2 片
洋葱……1/8 个
南瓜片……1 片

番茄酱……2 小勺
砂糖……1 小勺
酱油……少许
A 醋……1/2 小勺
水……2 大勺
淀粉……1/2 小勺
食用油……适量

1 将胡萝卜切滚刀块，藕片对半切开，开水焯熟备用。洋葱切瓣，和南瓜一起过油炸熟备用。

2 锅中加入 **A** 中的材料，用中火加热。待调味汁煮至黏稠后，倒入炸鸡和 **1** 中处理好的食材，搅拌均匀即可。

★用前一天晚上多做的炸鸡块代替猪肉，加蔬菜和酸甜料汁做成了"咕咾肉"。副菜是煎蛋卷(P67)和炒卷心菜。

5 0

味噌炒炸鸡

[材料] 1 人份

炸鸡块（P66）
　……3 块
苦瓜……2cm
茄子……1/3 根
黄色彩椒……1/8 个

味噌……1 小勺
A 砂糖……1/2 小勺
味醂……1 小勺
酱油……少许
色拉油……少许

1 将炸鸡块切成适口大小。苦瓜从中间切开，去籽，切薄片。茄子和彩椒切成滚刀块。

2 锅中热油，将 **1** 中的食材倒入锅中用中火炒。蔬菜炒熟后，倒入 **A**，翻炒均匀。待汤汁即将收干、食材炒出光泽时，淋入酱油即可。

★将炸鸡块用作炒菜可以大大增加菜量。焦香炸鸡包裹着浓郁的味噌酱汁，非常下饭。今天的煎蛋卷（P67）有些特别，用寿司帘做成了圆柱形。

RECIPE
5 1

晚餐余菜大变身

现在为大家介绍我们家常做的几种晚餐余菜改造方法。只需要稍微多花一点工夫，味道和卖相就能立即得到提升。

RECIPE 52

炸猪排➡猪排饭

[材料] 1人份

炸猪排……1块
鸡蛋……1个
沾面汁（已稀释）……50mL

1 在小号平底锅中将沾面汁煮沸。

2 将炸猪排切成适口大小放入 **1** 中。

3 鸡蛋打散，将蛋液分两次倒入锅中，盖上锅盖。用小火将鸡蛋煮熟即可。

★用前一天晚餐多做的炸猪排做了猪排饭。在米饭上提前铺一层碎海苔，然后将裹满了鸡蛋的猪排盛上去，再加点奶油炒菠菜，一道令人食欲满满的便当就做好了。

RECIPE 53

寿喜烧*➡加更多食材

[材料] 1人份

寿喜锅用肉片和
　豆腐……1人份
蟹味菇……4朵
胡萝卜片……1片
大葱薄片……3片

白菜……少许
魔芋丝……少许
Ⓐ 水……100mL
　砂糖……1小勺
　酱油……2小勺

1 小号平底锅（或煮锅）中放入Ⓐ、肉片和豆腐，用中火煮。

2 将所有蔬菜切成适口大小，和魔芋丝一起放入锅中。煮至汤汁即将收干即可起锅。

★用前一天晚上吃寿喜锅剩下的肉和豆腐做了寿喜便当。因为要搭配米饭吃，所以调味可以口重一些，另加蔬菜和魔芋丝煮熟即可。

＊寿喜烧：日式牛肉火锅，一种把牛肉和豆腐、葱等一起放在底料中，边煮边吃的火锅料理。

奶油煎鸡肉 → 番茄酱炒鸡

[材料] 1 人份

奶油煎鸡肉……1/2 块
油菜……1/2 棵
茄子……1/2 根
番茄酱……2 小勺
酱油……少许
色拉油……少许

1 将鸡肉和油菜切成适口大小，茄子切成
1cm 宽的圆片。

2 锅中热油，放入**1**中的食材用中火翻炒。

3 蔬菜炒熟后，放入番茄酱和酱油，搅拌
均匀即可。

★把多做出来的奶油煎鸡肉，加茄子和油菜用番茄酱做
成了炒菜。刚好这天也有之前多做的可乐饼，一起放进
去，组成一份分量十足的便当。

黄金鸡块 → 咸甜风味鸡块

[材料] 1 人份

黄金鸡块……3 块
　酱油……1 小勺
Ⓐ味醂……1 小勺
　砂糖……1/2 小勺

1 将Ⓐ中的调料混合。

2 将鸡块和Ⓐ放入小号平底锅中加热，煮
至鸡块入味、汤汁收干即可关火。

★鸡块是前一天晚上给丈夫做下酒菜时多做出来的，用
砂糖等重新调味料理，立即变身下饭菜。副菜是青椒炒
洋葱和海苔煎蛋卷（P31）。

三文鱼➡龙田风味炸鱼块

[材料]1人份

三文鱼（生鱼片）……3 片
盐曲*……2 小勺
淀粉……适量
色拉油……适量

1 三文鱼片用盐曲提前一晚腌好。用厨房
纸擦除三文鱼片上多余的盐曲，撒上
淀粉。

2 在小号平底锅中加入深约 5mm 的色拉
油，加热至 170℃，下入 **1** 中处理好的
鱼片炸熟。

★三文鱼提前一晚用盐曲腌渍，第二天用来做龙田风味
炸鱼块。只需要煎炸一下，做法简单，非常适合料理吃
剩的生鱼片。副菜是炖海带丝(P27)和海苔煎蛋卷(P31)。

★盐曲：用盐、米曲、水按比例混合，发酵而成的日本
传统调味料，可用来腌制菜、鱼、肉等，也可以作为汤
底调料。

煎饺➡炸饺子

[材料]1人份

煎饺……2 个
蛋黄酱……少许
食用油……适量

1 将饺子放入 170℃的油中，炸至金黄色
后捞出。

2 散去余热，装进便当盒，旁边搭配蛋
黄酱。

★如果用煎饺带便当，吃的时候饺子会变得软塌，口感
不好，所以推荐过油炸一遍。蘸料可以改用蛋黄酱。副
菜是蚝油炒油菜花、烧牛肉和紫甘蓝丝。

烧麦→炸烧麦

[材料]1人份

烧麦……3～4个
芥末酱……少许
食用油……适量

1 将烧麦放入170℃的油中，炸至金黄色
后捞出。

2 散去余热，顶部涂少许芥末酱。

★炸烧麦搭配芥末酱，既下饭又出菜量。另外还做了芝
麻酱炒茄子彩椒、酱油烧蘑菇和黄瓜串鱼糕。

天妇罗→海苔卷

[材料]1人份

胡萝卜天妇罗……2个
烤海苔……适量
沾面汁（已稀释）……少许

1 将胡萝卜天妇罗的一侧蘸少许沾面汁
后捞出。

2 配合天妇罗的大小将海苔切成带状，围
绕天妇罗卷一圈，多留出一小部分用以
固定。

★如果前一天晚上做了天妇罗，我也经常会多做一些留
作第二天带便当用。不过原样装进便当盒也未免太过简
单，于是试着蘸一点儿调味汁、用海苔卷了一下。

RECIPE
58

RECIPE
59

常备菜

如果不想一大早就忙得不可开交，那么常备菜也必不可缺。每天早晨只需要做一道主菜，其余的都用常备菜来解决，真的是既省心又省力。不过，我家也不是每次都特意去做常备菜，更多的还是把前一天晚饭吃的菜多做一些备用。

MEAT ▸ | 肉类常备菜 |

★煮牛肉片不仅可以用来带便当，还可以用作牛肉饭和牛肉沙拉等，是一种非常方便的常备菜。仅需用微波炉即可完成，省力，也很入味。副菜有素煎大葱、炖油豆腐块、培根卷芦笋和清拌胡萝卜。

微波炉煮牛肉

可冷藏保存 5 天

[材料]适量

碎牛肉……300g
洋葱……1/2 个
砂糖……3 大勺
酱油……3½ 大勺

1 牛肉切成适口大小，洋葱切瓣。

2 将所有食材放入耐热容器中混合均匀，盖上保鲜膜，放入微波炉
（600W）中加热 5 分钟。

3 加热完成后取出，用筷子将肉捣散，然后盖上保鲜膜继续加热 3
分钟。揭去保鲜膜后再加热 2 分钟，等待余热散去即完成。

RECIPE

61

龙田炸鸡

可冷藏保存 3 ~ 4 天

[材料]适量

鸡腿肉……3 块
酱油……3 大勺
芝麻油……1½ 大勺
淀粉……适量
食用油……适量

1 将鸡肉对半切开。

2 切好的鸡肉放进保鲜袋，加入酱油和
芝麻油揉搓均匀，然后放进冰箱腌渍
一晚（如果没有来得及提前腌渍，可
临时腌至少半小时）。

3 将腌好的鸡肉取出，均匀撒上淀粉，
放入 170℃的油中炸至金黄色，待鸡
肉熟透后即可捞出，散去余热。

★一般我会多买一些鸡肉，用酱油和芝麻油提前腌渍
好，做成龙田炸鸡储存在冰箱里，这样做晚饭或做便
当的时候就可以直接拿来用了。这天的副菜是青椒炒
鱼糕和煮鸡蛋（P68）。

★万能的番茄肉酱也是
我家的便当好帮手，只
需搭配煮蔬菜，便可得
到一道美味好菜。这
天还准备了咖喱可乐
饼、煮豆芽和鸡蛋沙拉
（P64）。

基础做法
番茄肉酱

可冷藏保存 5 天

[材料] 适量

混合肉馅……300g
洋葱……1 个
大蒜……1 瓣

Ⓐ
西红柿切块罐头……200g
水……200mL
番茄酱……2 大勺
肉味调味粉……2 小勺
盐、胡椒粉……各少许

芝士粉……2 大勺
橄榄油……2 小勺

1 将洋葱和大蒜切末。

2 锅中热橄榄油，用中火将**1**中的材料炒香，加入肉馅炒熟，然后将**Ⓐ**中的材料倒入锅中煮 10 分钟。

3 加入芝士粉，再煮 5 分钟直至肉酱变得黏稠。

ARRANGE

01　　　　02　　　　03

做意大利面

这天用番茄肉酱做了意大利面。贝壳形状的意大利面里包裹着丰富的番茄肉酱，非常下饭，所以我直接用它做了主菜。副菜有煎蛋卷（P67）、高汤煮菠菜、炒小香肠。

拌西蓝花

鸡肉用酱油提前腌渍好，烤熟后切成适口大小，旁边放两块煎蛋卷（P67）。番茄肉酱和煮西蓝花（P68）混合均匀，用微波炉加热入味，很方便就做好了一道足量又好吃的小菜。

炒茄子小香肠

这天冰箱里有茄子和小香肠，用番茄肉酱做成了炒菜。当肉酱里的水分较多时，一定要炒至水分几乎完全收干，这样才能使食材更入味。副菜是柚子醋拌黄瓜阳荷和煎蛋卷（P67）。

★用黑醋炖猪肉，醇香四溢，
风味绝佳，还很方便保存。炖
肉出来的汤汁也非常美味，我
一般会用它顺便卤一些鸡蛋。
副菜是蛋黄酱芝麻拌鱼糕和菠
菜炒培根。

黑醋炖猪肉 & 卤蛋

可冷藏保存5天

[材料]适量

猪五花肉块……200g
煮鸡蛋（P68）……3 个
A {
　水……500mL
　酱油……100mL
　黑醋……50mL
　砂糖……6 大勺
}

1 将猪肉切成约 1.5cm 宽的小块。

2 锅中加水煮沸，用中火将 **1** 中切好的肉块煮 20 分钟，捞出备用。

3 将锅洗净，加入**A**，用中火煮沸，然后放入 **2** 中处理好的肉块，继续加热 10 分钟后即可关火。放入煮鸡蛋，待余热散去。

ARRANGE

拌葱

将黑醋炖的猪肉块切成丁，大葱斜着切成薄片，然后加芝麻油搅拌均匀即可。大葱独特的香气和口感，与醇香的猪肉非常相配。将肉汁卤的鸡蛋切成适口大小，零星撒上一层辣椒粉。另外还做了一道蛋黄酱炒根菜*三文鱼。

★根菜：萝卜、莲藕、薯类等根茎类蔬菜的统称。

甜肉酱

可冷藏保存5天

[材料] 适量

猪肉馅……300g

大葱……1/2 根

姜末……1 大勺

Ⓐ
味噌……3 大勺
甜面酱……1 大勺
砂糖……2 小勺

芝麻油……2 小勺

1 将大葱切成葱末。

2 锅中热芝麻油，加入姜末、葱末
用中火炒香，再将肉馅倒入锅中。

3 待肉馅炒熟后，加入Ⓐ中的调料，
将肉馅炒至上色、入味后即可
关火。

★甜肉酱咸香美味，十分下饭，还可以拌进米饭
中做成饭团，或者炒菜时加入一些提味，是非常
方便的一道常备菜。这天的菜还有炸鸡块、蛋黄
酱炒芦笋和煎蛋卷（P67）。

ARRANGE

肉酱笋尖

做这道菜只需要把煮笋尖和甜面肉酱混合、搅拌
均匀即可。中国风味十足的甜面肉酱可以直接用
来拌面，也可以勾入芡汁做麻婆豆腐、麻婆茄子
等。这天的副菜是炒小香肠、煮西蓝花（P68）
和甜味煮地瓜（P90）。

莲藕炒牛肉

可冷藏保存 4～5 天

[材料] 适量

碎牛肉……200g
莲藕……1 小段
蒜末……少许
姜末……少许
Ⓐ 料酒……1 大勺
味醂……2 大勺
砂糖……1 小勺
芝麻油……少许

1 将牛肉切成适口大小，莲藕去皮、切成 5mm 厚的片。

2 锅中热芝麻油，放入蒜末、姜末，用中火煸炒出香味，加入 **1** 中的食材继续炒。

3 待肉炒熟后，加入Ⓐ中的调料，炒至收汁即可。

★这道咸甜风味的莲藕炒牛肉也十分下饭。上面还可以撒上一层白芝麻，这样会让你的家人在打开便当盒的瞬间食欲倍增。这天还做了煎蛋卷（P67）和炒青椒。

RECIPE
6 5

蒸鸡胸肉

可冷藏保存 4～5 天

[材料] 适量

鸡胸肉……2 块
盐、胡椒粉……各少许

1 鸡胸肉加盐、胡椒粉揉搓均匀。

2 将处理好的鸡胸肉放入耐热容器，盖上保鲜膜，放入微波炉（600W）中加热 4 分钟。

3 确认鸡肉熟透后，待余热散去即可。

★照片中便当里的鸡胸肉已用蛋黄酱拌成小菜。

★将鸡胸肉用微波炉热熟后常备于冰箱，做沙拉、拌菜时可以直接拿来使用，非常方便。这天的菜还有油菜炒小香肠、煎蛋卷（P67）。

RECIPE
6 6

RECIPE

67

酸辣炸旗鱼

可冷藏保存 4 ～ 5 天

[材料] 适量

旗鱼……300g

盐、胡椒粉……各少许

低筋面粉……适量

洋葱……1 个

Ⓐ 醋、水、酱油……各 2 大勺

砂糖……1 大勺

干辣椒（切圈）……1 根

食用油

1 旗鱼用盐、胡椒粉稍作腌渍，裹上低筋面粉备用。洋葱切薄片。

2 将Ⓐ中的材料混合，倒入盆中，放入洋葱片。

3 将 1 中处理好的旗鱼放入 170℃的热油中炸熟，捞出后趁热浸入 2 中调配好的料汁中腌渍。

★将旗鱼炸熟，做成酸辣风味，吃起来更加爽口。副菜是柚子醋拌大葱、芝麻拌莲藕和煎蛋卷（P67）。

油煮金枪鱼

可冷藏保存1周

[材料]适量

金枪鱼（条状）……200g

A
橄榄油……100mL
色拉油……100mL
盐……1小勺
月桂叶……1片
迷迭香……少许

1 将金枪鱼切成2～3cm见方的块。

2 将A中的材料和切好的金枪鱼放入小锅中，用小火加热至160℃，煮3分钟后关火。静置放凉即可。

★金枪鱼用橄榄油煮熟并加入香料调味。这样做出的金枪鱼口感更佳，比市售的罐头更美味，还可以用来做其他的菜，也十分方便。再搭配酱油炒蘑菇和南美煮辣豆拌茄子，一道口味丰富的便当就做好了。

酱油鲣鱼

可冷藏保存1周

[材料]适量

鲣鱼……200g
姜片……8片
料酒……3大勺

A
味醂、酱油……各2大勺
砂糖……1大勺
色拉油……少许

1 将鲣鱼切成2cm宽的条，姜片切丝。

2 锅中热油，放入鲣鱼用中火煎炒，炒至变色后放入料酒和姜丝。

3 放入A中调料，炒至汤汁黏稠、鱼肉入味后关火。

★充分入味的鲣鱼，甜香可口，是非常好的下饭小菜。每天在便当里放一点，连吃几天都不会腻烦。这天还做了鸡肉炒鸡蛋、奶油炒蘑菇芦笋。

VEGETABLES

★这两道蔬菜常备菜，颜色既漂亮、又能下饭。早晨时间比较充裕的时候，青椒拌海带也可以现做。这天的主菜是香辣炸鸡翅和炒小香肠。

RECIPE
70

胡萝卜炒鱼仔

可冷藏保存 4～5 天

[材料]适量

胡萝卜……1 根
银鱼干……20g
Ⓐ 盐、胡椒粉……各少许
咖喱粉……1 小勺
色拉油……1 小勺

1 将胡萝卜切成约 5cm 长的细丝。

2 锅中热油，放入银鱼干用中火煸炒片刻，放入胡萝卜丝继续炒。

3 加入Ⓐ中调料，炒至入味后起锅。将炒好的菜铺在平盘中，待余热散去。

RECIPE
71

青椒拌海带

可冷藏保存 3 天

[材料]适量

青椒……3 个
佃煮海带……15g

1 将青椒去籽，切成细丝，用保鲜膜轻轻裹住，放入微波炉（600W）中加热 1 分钟。加热完成后用厨房纸吸取多余的水分。

2 将 1 中处理好的青椒丝和佃煮海带倒入大碗中，搅拌均匀，待余热散去。

咖喱洋葱

可冷藏保存 5～6 天

[材料]适量

洋葱……1 个
盐……少许

A
{
砂糖……1/2 大勺
米醋……1/2 大勺
酱油……1 小勺
咖喱粉……1 小勺
盐、胡椒粉……各少许
}

1 将洋葱切成薄片，撒盐腌渍 5 分钟，挤去多余水分。

2 将处理好的洋葱和Ⓐ中的调料一起放入保鲜袋，充分混合。

★图中的便当，是在咖喱洋葱中加入鱼糕和青椒做成了炒菜。

★咖喱洋葱味道浓郁，只需要和蔬菜或肉简单料理，就能做出很好吃的菜，也是一道万能常备菜。这天的便当还有烤肉、煮鸡蛋、西蓝花沙拉和卷心菜丝。

ARRANGE

咖喱洋葱炒猪肉

先将猪肉炒熟，放入咖喱洋葱后再炒片刻即可完成，不需要单独添加任何其他调料。根据个人口味另外搭配酱油或蛋黄酱，也很好吃。这款常备菜用来做咖喱土豆沙拉也很不错哦。今天的副菜是煮鸡蛋鱼糕沙拉和煮芦笋（P68）。

甜味煮地瓜

可冷藏保存 5 ～ 6 天

[材料] 适量

地瓜……1 根

Ⓐ ┃ 砂糖……1 大勺
┃ 盐……1/2 小勺
┃ 蜂蜜……1 小勺

1 将地瓜洗净、去皮，切成 1cm 宽的圆片，过水冲洗后控干备用。

2 将 **1** 中处理好的地瓜码入大号平底锅中，另加刚好能没过地瓜片的水，同时放入Ⓐ中调料，用中火煮 7 ～ 8 分钟。滤去多余的汤汁，散去余热。

★这是一道味道柔和、甜香可口的甜味煮地瓜。这天的副菜还有奶油炒洋葱、炒鸡蛋，主菜是红烧牛肉片，米饭上撒了芝麻盐。这是一道咸甜搭配绝妙的便当。

炖萝卜丝

可冷藏保存 5 天

[材料] 适量

干萝卜丝……30g

胡萝卜……20g

油豆腐……1/2 片

Ⓐ ┃ 味醂、酱油……各 2 大勺
┃ 高汤……200mL

色拉油……少许

1 将干萝卜丝泡入水中醒发，切成适口长短。胡萝卜切丝，油豆腐切成 1cm 宽的条。

2 锅中热油，将 **1** 中处理好的食材用中火煸炒，放入Ⓐ，煮至萝卜丝变软即可。带便当时注意控干水分。

★有了炖萝卜丝，整个便当吃起来就会变得更加柔和。多准备一些储存在冰箱里，做晚餐、带便当都可以拿来用。今天的菜还有蛋黄酱拌虾仁、炒小香肠、柚子醋拌秋葵蘑菇。

腌蘑菇

可冷藏保存5天

[材料] 适量

灰树花……50g

蟹味菇……50g

鲜香菇……3 朵

沙拉汁（市售）……2 大勺

1 将灰树花和蟹味菇撕成适口大小，香菇去茎、切成薄片。

2 将 **1** 中处理好的蘑菇放入耐热碗中，用微波炉（600W）加热 2 分钟。

3 加热完成后用厨房纸吸去多余水分，加入自己喜欢的沙拉汁搅拌均匀即可。

★ 制作这道腌菜非常简单，只需要把蘑菇用沙拉汁拌一下就完成了。多放几种蘑菇，可以享受多种口感。主菜是芝士香酥鸡和番茄酱炒鱼糕西蓝花。

RECIPE 75

羊栖菜沙拉

可冷藏保存4天

[材料] 适量

新鲜羊栖菜（或用水醒发好的干羊栖菜）
……100g

洋葱……1/4 个

盐、胡椒粉……各少许

柚子醋酱油……50mL

1 将羊栖菜在充足的沸水中煮 1 分钟，控干水分。

2 将洋葱切成薄片。

3 将 **1**、**2** 中处理好的食材倒入碗中，加盐、胡椒粉粗略搅拌。放入柚子醋酱油，充分搅拌至食材入味。

★ 便当里的羊栖菜，一般都是以炖煮的方式出现的，像这样用柚子醋做成清爽的小菜，也别具风味，特别推荐大家尝试。这天的菜还有糖醋根菜、芋头沙拉和番茄酱煮四季豆。

RECIPE 76

活用冷冻食品

冷冻奶汁焗菜和冷冻烧麦

01

将冷冻奶汁焗菜从冰箱中取出，先用培根卷起来，再放入微波炉中加热。冷冻烧麦先用微波炉解冻，然后加蛋液炒制，这样做的烧麦绵软多汁，非常好吃。再搭配黄瓜拌蟹肉棒，今天的便当就做好了！

忙的时候，我时常会用从超市买来的冷冻食品来解燃眉之急。

有时会直接加热一下放进便当盒，

有时候也会稍加料理，这样不仅可以增加菜量，还可以让便当更具手工制作感。

冷冻炸鱿鱼圈
0 2

超市里卖的冷冻炸鱿鱼圈一般量都比较大，每次买一大袋，做晚餐、做便当都可以用。这天的副菜是加入了青椒末的黄油炒鸡蛋。

冷冻炸肉饼
0 3

这天的主菜是用 2 个小号的冷冻炸肉饼做的。将肉饼解冻后，两边另蘸一层酱汁，吃起来味道更加丰富。副菜有香肠通心粉奶油焗菜、凉拌熟青椒丝和芝麻拌芦笋。

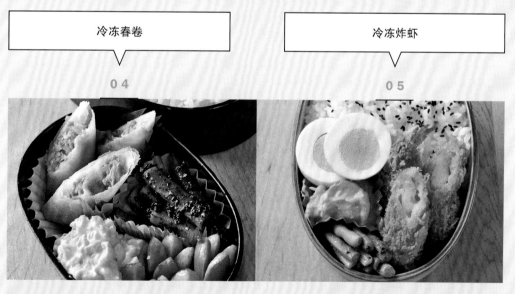

冷冻春卷
0 4

春卷从冰箱中取出后，不用解冻，直接下热油炸熟，然后切成适口大小即可。漂亮的刀切面，诱人食欲的馅料，看着还不错吧，副菜是黑芝麻拌四季豆、鸡蛋沙拉（P64）和炒小香肠。

冷冻炸虾
0 5

将冷冻炸虾直接下油锅炸熟，油分控干后斜着切开，装进便当盒即可。副菜有奶油炒煮四季豆（P64）、南瓜沙拉（P61）和煮鸡蛋（P68）切片。

搞砸了！

"失败便当"分析

把鱼直接盖在了米饭上且生菜放得太多

01

这天我把烤好的三文鱼直接放在了米饭上，没有预先铺垫一些海苔或者菜叶，这样可能会使鱼腥味染进米饭里。生菜放太多也不好，里面卷的芝士片在吃的时候肯定会变得很湿黏。

把小银鱼撒在了米饭上

02

这天在米饭上撒了密密一层小银鱼，虽说是小鱼苗，但多少还是避免不了有鱼腥味。应该提前用梅干或者绿紫苏这种爽口去腥的食材拌一下就好了，这点需要反省。

菜装得太满

05

这次菜品上基本没什么问题，但当时一心想着要把做的菜全部装进去，结果导致便当盒装得太满，整个看起来就像要掉出去一样。而且菜下面铺的那片生菜看起来也有些多余。

分量太大

06

这天做了三个菜：炒芜菁、海苔卷鱼肉山芋饼、嫩煎小香肠。因为对这天做的菜没什么有信心，所以试图以量取胜，结果还是装得太满了。每种菜各少装一个应该会好很多。

回想一下这些年做的便当，也有很多比较失败的例子。
但正所谓吃一堑、长一智，
我们家的便当，也在一次次的失败中不断成长、逐步进化。

| 搭配太奇怪 | 同样味道的 2 道菜 |

03　　　　　　　　　　　04

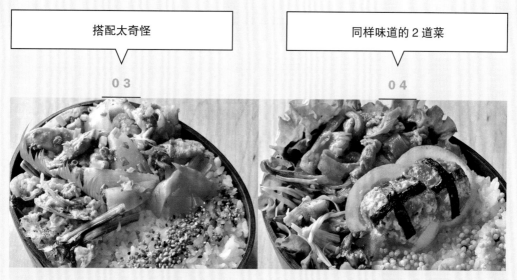

这天做蔬菜炒猪肉时，不知道为什么还在里面加了炒肉酱，真的是一道不可思议的菜。旁边是用炒肉酱和菠菜做的煎蛋。我自己都不知道自己究竟想做什么样的搭配，整个便当看起来非常不协调，简直是不明所以……

这天的菜倒是没什么大问题，但我在做番茄炒肉时，顺便加了肉丸子进去，所以肉丸子和炒肉的味道完全一样。为了突显菜量，还把肉丸子切开、分别放在了柠檬片上，这里也不太可取。肉丸子上用海苔做的"×"也仿佛是在否定这道菜。

| 将汉堡肉塞进了米饭里 | 做坏了的煎蛋 |

07　　　　　　　　　　　08

这天做的汉堡肉因为个头比较大，我在装便当的时候简直伤透了脑筋。便当盒没有隔断，于是我把肉饼切开直接塞进了米饭里。家人们在打开便当盒的一瞬间肯定也吓坏了吧。

这天试图挑战用微波炉做煎蛋，结果完美遭遇滑铁卢。鸡蛋做出来很硬，并且全是蜂窝，简直无法称作是煎蛋。不过因为早晨时间比较紧，所以除了这个也没来得及做其他的菜。真是一道令人遗憾的便当啊！

TITLE：［繰り返し作りたくなる！ラク弁当レシピ2］

BY：［長谷川　りえ］

Copyright © 2017 Rie Hasegawa

Original Japanese language edition published by EI Publishing CO.,LTD.

All rights reserved. No part of this book may be reproduced in any form without the written permission of the publisher.

Chinese translation rights arranged with EI Publishing CO.,LTD., Tokyo through NIPPAN IPS Co., Ltd.

本书由日本株式会社枻出版社授权北京书中缘图书有限公司出品并由河北科学技术出版社在中国范围内独家出版本书中文简体字版本。

著作权合同登记号：冀图登字 03-2020-113

版权所有·翻印必究

图书在版编目（CIP）数据

懒人便当：好营养，真安心，超省时 /（日）长谷川理惠著；冯利敏译 . -- 石家庄：河北科学技术出版社，2021.8（2022.12 重印）

ISBN 978-7-5717-0927-3

Ⅰ . ①懒… Ⅱ . ①长… ②冯… Ⅲ . ①食谱—日本 Ⅳ . ① TS972.183.13

中国版本图书馆 CIP 数据核字 (2021) 第 140010 号

懒人便当：好营养，真安心，超省时

［日］长谷川理惠　著　冯利敏　译

策划制作：北京书锦缘咨询有限公司
总 策 划：陈　庆
策　　划：姚　兰
责任编辑：刘建鑫　原　芳
设计制作：刘岩松

出版发行　河北科学技术出版社
地　　址　石家庄市友谊北大街 330 号（邮编：050061）
印　　刷　和谐彩艺印刷科技（北京）有限公司
经　　销　全国新华书店
成品尺寸　185mm×260mm
印　　张　6
字　　数　72 千字
版　　次　2021 年 8 月第 1 版
　　　　　　2022 年 12 月第 2 次印刷
定　　价　58.00 元